科普知识博览·动植物百科

SHE

王经胜 /编著

Science Book

北京联合出版公司
Beijing United Publishing Co.,Ltd.

图书在版编目（CIP）数据

蛇 / 王经胜编著 .-- 北京 : 北京联合出版公司，2013.9 （2022.1 重印)

（科普知识博览 · 动植物百科）

ISBN 978-7-5502-1913-7

Ⅰ . ①蛇… Ⅱ . ①王… Ⅲ . ①蛇－普及读物 Ⅳ . ① Q959.6-49

中国版本图书馆 CIP 数据核字（2013）第 216460 号

蛇

编　　著 : 王经胜
选题策划 : 天昊书苑
责任编辑 : 肖　桓
封面设计 : 尚世视觉
版式设计 : 程　杰

北京联合出版公司出版
（北京市西城区德外大街 83 号楼 9 层　100088）
北京一鑫印务有限责任公司印刷　新华书店经销
字数 100 千字　710 毫米 ×1092 毫米　1/16　12 印张
2013 年 10 月第 1 版　2022 年 1 月第 3 次印刷
ISBN 978-7-5502-1913-7
定价 : 49.80 元

前言 Preface

青少年是我们国家的未来，是实现中华民族伟大复兴的主力军。对于青少年来说，他们正处于博学求知的黄金时期。除了认真学习课本上的知识外，他们还应该广泛吸收课外的知识。青少年所具备的科学素质和他们对待科学的态度，对他们未来的成长会有深远的影响。因此，对青少年的科普教育和普及是极为必要的，这不仅可以丰富他们的学习、增加他们的想象力和思维能力，而且可以开阔他们的眼界、提高他们的知识面和创新精神。

本套《科普知识博览》丛书属于趣味型科普丛书，这是一套专为青少年量身打造的科普读物，它向读者展示了一个生动有趣的科普世界。翻开本套丛书，你会发现：科普知识不再如课本里讲述的那样乏味枯燥，而是变得鲜活、生动起来：科普知识不再是抽象的定理和公式，而早已渗透到我们生活的方方面面。通过这些富有神秘性、趣味性的知识话题，来满足读者的求知欲与好奇心。

本套系列书为了迎合广大青少年读者的阅读兴趣，配有相应的图文解说和介绍，多元素图文并茂的编排方式，再加上简约、大方的版式设计让人赏心悦目，使本书的知识内容变得更加的鲜活亮丽。在提高青少年感观效果的阅读时，享受这科普世界无穷无尽的乐趣。

Contents 目录

第一章 话说蛇这种动物

第三章 蛇与人类的关系

第二章 蛇的种类

Contents 目录

科普知识博览 · 动植物百科

第一章　话说蛇这种动物

一提起蛇，大多数人会心里一颤，认为蛇是一种让人感觉非常恐怖的动物。因此，在大多数人的眼里，蛇是一种“游动的死神”，一旦被蛇咬，必将丧命。

但是，我们对这些可怕的、游动的动物又了解多少呢？

蛇大约出现于1.5亿年以前，毒蛇的出现更要晚一些。它由无毒蛇进化而来，在2700万年前才出现。目前世界上的蛇约有3000种，其中毒蛇有600多种。在这些蛇类中，形态特征和生活习性各不相同，但是却具有共同的特征——游走，这是他们前行的方式。

蛇类虽然是人类害怕的一种动物，但是，蛇并不仅仅给人以凶恶的一面，有些蛇对人类是十分友好的。蛇的全身都是宝，它可以为人类提供良药，对人的身体起到滋补作用。

爱护动物、保护蛇类，是我们维护自然与人类和谐的最好方式，切不可因为蛇类面相凶恶就对其赶尽杀绝，否则不仅灭绝了蛇类，与此同时也破坏了生态平衡，最终受害的还是人类自己，这也是自然界中人类必须遵循的生活法则。

蛇的概述

蛇是一种个体差异很大的动物。分布在加勒比群岛的马丁尼亚、巴巴多斯等岛上的线蛇，是世界上最短的无毒蛇，只有 9 厘米长，最长的线蛇王也不过 11.94 厘米。分布在东南亚、印尼和菲律宾一带的网蛇，一般都超过 6.25 米，最长的可达 10 米左右。而南美洲的水蟒更长，竟达 11 米以上，体重 100 多公斤。已经证实蛇最重的纪录，是 1960 年在巴西城发现的一条南美蟒蛇，重 227 公斤，长 8.46 米，腰围 111.76 厘米。世界上最毒的蛇为海蛇，这种蛇出没在澳大利亚西北海岸的阿西莫暗礁附近，它每次分泌的微量毒液，就足以使上万只老鼠当场毙命。蛇的寿命一般在几年到二三十年之间。

蛇是爬行动物中比较特别的一

种。它们没有腿，没有眼睑和外耳，可是它们有发达的内耳，能敏锐地接收地面振动传播的声波刺激。蛇的上下颌长满牙齿，而且牙齿向后生，利于它们吞咽时抓紧猎物。蛇的舌头上长着许多感觉小体，能接受空气中化学分子的刺激，从而感知周围的一切。每年4月是蛇蜕皮的季节。蛇主要以鼠、蛙、昆虫等为食。

蛇属于爬行纲蛇目。大部分是陆生,也有半树栖、半水栖和水栖的。一般分无毒蛇和有毒蛇。毒蛇和无毒蛇的体征区别有：毒蛇的头一般是三角形的；口内有毒牙，牙根部有毒腺，能分泌毒液；尾短，突然变细。而无毒蛇头部是椭圆形；口内无毒牙；尾部是逐渐变细。虽可以这么判别，但也有例外，不可掉以轻心。蛇的种类遍布全世界，热带最多。中国境内的毒蛇有五步蛇、竹叶青、眼镜蛇、蝮蛇和金环蛇等；无毒蛇有锦蛇、蟒蛇、大赤链等。蛇肉可食用，蛇毒和蛇胆是珍贵的药品。

蛇非常聪明灵活，故《圣经》上有“温驯如鸽子,智慧如蛇”之说。蛇的捕食本领相当高强，能吞进比自己大许多倍的食物。我国古代早就有巴蛇吞象的传说，说巴地有能吞食大象的巨蛇，三年之后才吐出骨头；非洲有一种食蛋蛇，还没有人的手指粗，却可以吞进鸡蛋和鸭蛋，吃完蛋清和蛋黄后，还能吐出蛋壳；巴西草原的果色蛇，全身呈绿色，舌尖上长有果子形的圆舌粒，跟樱桃相似，小鸟误认为是果子，因啄食而丧生；东南亚和非洲鲁

什马河流域的飞蛇，其肋骨具有较强的活动性，滑翔时能展开，使身体呈扁平状，故能从树枝高处跃入空中，陡峭地滑翔而下，有时快得像离弦的箭，能吞食飞行的小鸟；而非洲黑毒蛇爬行最快，可以高于每秒5米的速度向前冲刺，追赶逃跑的猎物。

蛇的记忆力很好，也非常记仇，能准确地认出曾经伤害过它的人，多年以后还会伺机进行报复。蛇的同类受到侵犯时，有时也会群起而攻。但蛇也会报恩，古书上曾记有“隋侯见伤蛇而医之、活之。蛇愈而去，衔夜光珠以报”的佳话。蛇对音乐非常敏感。早在公元前3世纪，印度就有耍蛇的职业，在“蛇郎”吹奏的“蛇笛”中，一条条蛇袅袅起舞，舞姿灵活柔美，引人入胜。南美一些地方的蟒蛇还可以驯养成家蟒，负责守家和“照看”幼儿。印尼佛罗勒斯岛上居民饲养的无毒蛇能随同主人一起下地干活。种子入土后，它便守在地里，驱赶啄食种子的野鸟；树上的果子成熟了，家蛇便爬上枝头，甩动尾巴，将成熟的果子打下。一些国家还利用毒蛇来守卫金库。他们除了使用现代化的装置外，再放进一两条剧毒蛇，便可使盗金者望而生畏。更为有趣的是用活蛇做耳环。非洲喀麦隆西部，有一种细如手指的“银枪蛇”，花纹极美，当地妇女捕获后拔去毒牙，将蛇尾扎成小圆圈，系上细线穿在耳垂上。银枪蛇时时昂起头，吐出火红的舌信，非常有趣。

蛇不会主动对人发起进攻，除非人打到了它的身躯。如果人的脚踩上了它，它会本能地马上回头咬你脚一口，喷洒毒液，令人倒下。当人们行走在山路上，“打草惊蛇”在此用得很恰当。你手执一根木棍，有弹性的木棍子最好。边走边往草丛中划划打打，如果草丛有蛇，会受惊逃避的。用硬直木棒打蛇是最危险的动作，因为木棒着地点很小，不容易击中蛇。软木棒有弹性，打蛇时木棒贴地，击中蛇的可能性更大。蛇打七寸，这是蛇的要害部位，打中此部位，蛇便动弹不了了。

蛇全身是宝。蛇肉鲜美可口、营养丰富，为餐中佳肴。蛇胆、蛇肝、蛇皮、蛇毒、蛇油、蛇蜕，乃至蛇血、蛇肠杂等均可入药治病。将蛇浸制

药酒，能治风湿性关节炎、神经痛等症。五步蛇还是治疗顽固性瘙痒和麻风的传统要药。蛇胆非常名贵，能驱风除湿、明目益肝。蝮蛇干粉可治恶性肿瘤、风湿症，若配以草药，有延年益寿的奇功。蛇毒是稀世之宝，可制成镇痛、抗毒、抗凝血的良药。蛇毒远比黄金还贵，1克蛇毒价值数万美元，所以我们要保护蛇。

蛇曾是人们崇拜的一种动物。一些原始部落，如美洲印第安人就有9个部落有蛇氏族，有的甚至将响尾蛇作为民族标志。澳洲的华伦姆格人有一种图腾崇拜仪式。仪式上，人们用颜料涂抹全身，扮成蛇的样子且歌且舞，讴歌蛇的历史与威力，祈求蛇神护佑。原始社会解体后，崇拜蛇的风俗在许多民族中仍相当普遍。

识别毒蛇与无毒蛇

怎样识别有毒蛇和无毒蛇呢？一般人单凭头部是否呈三角形或者尾巴是否粗短，或者颜色是否鲜艳来区分，这是不够全面的。虽然毒蛇头部呈明显的三角形，但也色泽鲜艳的蛇，如玉斑锦蛇、火赤链蛇等并非是毒蛇，而蝮蛇的色泽如泥土样，很不引人注目，但却很毒。因此，区别有毒和无毒蛇主要根据

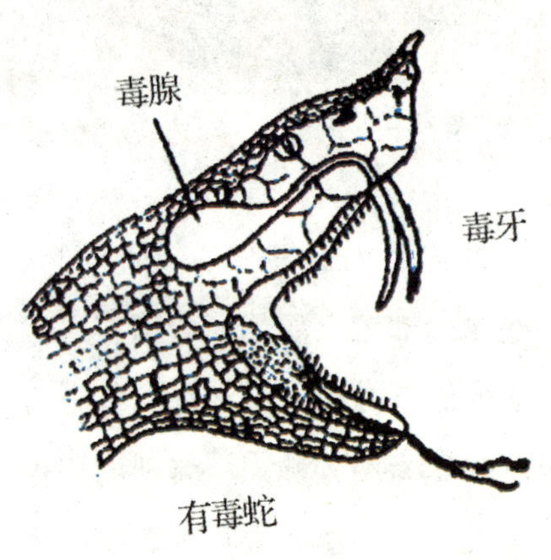

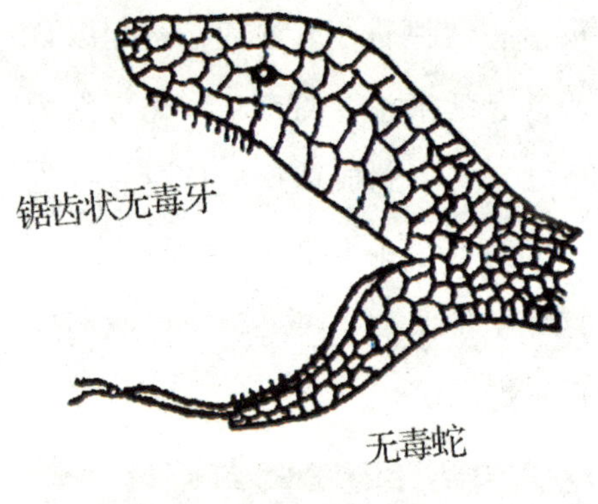

有的毒蛇，头部并不呈三角形；而无毒蛇中的伪蝮蛇头部倒是呈三角形但它却是无毒的。五步蛇、腹蛇和眼镜蛇的尾巴确实很粗大，但烙铁头的尾巴就较细长；很多以下几点：

（1）毒腺

有毒蛇具有毒腺，无毒蛇不具有毒腺。毒腺由唾液腺演化而来，位于头部两侧、眼的后方，包藏于颌肌肉中，能分泌出毒液。

当毒蛇咬物时，包绕着毒腺的肌肉收缩，毒液即经毒液管和毒牙的管或沟，注入被咬对象的身体内使之发生中毒，无毒蛇没有这一功能。

（2）毒液管

毒液管是输送毒液的管道，连接在毒腺与毒牙之间。只有毒蛇才具备有毒液管。

（3）毒牙

毒蛇具有毒牙，它位于上颌骨无毒牙的前方或后方，比无毒牙既长又大。

那么，哪些无毒蛇容易与有毒蛇混淆呢？

常被误认为是毒蛇的几种无毒蛇，由于外形特殊、色斑鲜艳，而且性情凶恶，所以常被当地一些群

众视为是毒蛇而惊慌失措，其实这种蛇咬人时对人体是无害的。如虎斑游蛇（又叫野鸡勃子蛇）、赤链蛇（又叫火赤链）等。

外形或色斑与毒蛇容易混淆的无毒蛇黄链蛇（又叫黄赤链），由于背面有黑黄相间的横纹，常被误认为是金环蛇；黑背白环蛇，由于蛇背有黑白相间的横纹，也容易被错认为是银环蛇；颈棱蛇（又叫伪蝮蛇），体粗尾短，背面呈棕褐色，有两行粗大的深棕色斑块，头部略呈三角形，外形极像蝮蛇或蝰蛇；翠青蛇（又叫青竹标）由于通身都是绿色，所以常与竹叶青混淆。

蜡烛蛇

蜡烛蛇产于非洲几内亚湾的一个岛上，全身赤红似火，当地叫“库加沙”。因其可当蜡烛使用，故又称“蜡烛蛇”。这种蛇多栖居于河堤的洞穴之中，奇怪的是，它一遇到火星就会着火，往往成为引起火灾的“罪魁祸首”。原来，这种蛇的体内含有大量脂肪，尤其是舌头上含油量更高。当地居民捉到这种蛇后，把内脏除去，再穿上纱芯，缚在铁棒上点燃照明，比一般的煤油灯要光亮，一条蜡烛蛇可以燃烧三四个夜晚。

蛇的特征与习性

（1）蛇的生理特性

①视力差

蛇的双眼生于头部两侧。眼球由最外层的巩膜、中间层的角膜和内层的脉络膜组成。巩膜不透明，有保护眼球的作用；角膜透明，中央有圆形瞳孔；脉络膜上分布有血管及神经，含有许多黑色素。脉络膜向前伸延到晶状体前面形成一圈虹膜，由色素细胞及平滑肌组成，具有伸缩性；晶状体呈圆球形，曲率不变，主要靠不同眼肌把物体移远或移近视网膜来聚焦，所以它的视力很差，1米以外的物体很难看见。

蛇的视觉也很不敏感，因其双眼生于头的两侧，视野重叠的范围极小，因

此只有范围很小的双眼视觉。眼球后方没有视凹，视觉不敏锐，尤其对于静止的物体更是视而不见。只能辨认距离很近的活动的物体，这就是在投料饲养时毒蛇不吃已死的食物的缘故。

②听觉迟钝

蛇没有外耳和中耳，只有耳柱骨，没有鼓膜、鼓室和耳咽管，所以蛇不能接受空气传导来的声波。蛇只有内耳（包括听觉器，听壶、球状囊和平衡器，半规管、椭圆囊和中耳的耳柱骨），一端连于内耳的卵圆窗，另一端连于方骨附近的横骨上隅肌的内侧方，对于从地面传来的震动很敏感，所以人在荒凉草地上劳动或行走时，用棍棒敲打地面或故意加重脚步行走，就能把蛇吓走，这就是“打草能惊蛇”的道理。

③行动时折转困难

蛇没有脚，行动时主要靠附着于脊柱上一系列肌肉的交替收缩和舒张所产生的力量才能向前爬行。由于脊柱的两侧各有一组肌肉，一侧收缩而另一侧舒张，这样会使蛇体弯曲起来。这种一张一弛的波浪式运动，能从头至尾在身体两侧以相反的位置传递过去。如果这种波浪运动在传递过程中没有遇到阻碍物，这些肌肉活动所形

成的弯曲就会毫无阻力地通过全身，但是如果地面凹凸不平或坎坷狭窄，弯曲运动会受到干扰，并在每一个接触点上都会产生压力，这种压力只有大于蛇的滑动摩擦时，才能使蛇向前运动；另一方面，因为蛇的肺活量较小，爬行一段路程后，就会觉得力不从心，气喘吁吁，所以蛇怎么也比不上人跑得快，就是这个缘故。又因为蛇的椎体活动受到一定角度的限制，使其不能转折掉头，故捕蛇能手多在蛇的后面把蛇尾抓住，就可以避免蛇的伤害。

④蛇蜕皮期间易捕捉

蛇体由于生发层细胞的不断分裂，形成一种新的生活细胞层和角质层，在酶的作用下，旧的生活细胞层被溶解，使旧的表皮角质层能与新生的细胞层分离开来，这样蛇体可借助环境中的石块或树枝，把上下颌的表皮磨开并逐渐向后翻脱，这种蛇蜕，中医称龙衣。蛇的体表无汗腺，且易于角化，所以蛇每年要脱皮 3 ~ 8 次。如果每年养蛇 100 条，可获龙衣 2 ~ 3 公斤，单蛇蜕这一项收入，就能获 300 多元。

由于蛇在脱皮期间，需要消耗体内大量的养料，常使蛇处于半僵状态，这个时期的毒蛇不仅体瘦、乏力，而且性情温柔、极易捕捉，很少会伤害人。

⑤嗅觉灵敏

蛇的舌细长、尖端分叉。舌体由多种连向（纵向、左右向、背腹向、斜向等）的横纹肌组成，横纹肌内有丰富的纤维分布于其中，它能不断地伸缩，所以蛇的舌尖是非常灵活的。因为蛇舌上的皮肤组织中没有味蕾，故无味觉功能，但它却是嗅觉的重要辅助器官。蛇舌经常伸出口外，搜集空气中的各种化学物质，并粘附或溶解于湿润的舌面上，再把它运送入锄鼻器中，然后再产生出嗅觉来。一般地说，蛇是喜腥味而恶芳香气味的，所以身上带有芳香浓郁气味的药物（如雄黄等）的人是可以驱蛇的。五步蛇的颊部有一对“颊窝”，称为“热测位器”，对红外线特别敏感；位于头部两侧外鼻孔与眼之间的三角形陷凹的内膜上有一层约 10 ~ 15 微米厚度的薄膜，膜上密布有从三叉神经分支而来的神经末梢。当外界温度发生变化时，通过神经末梢及三叉神经传导到中枢，这样就会产生温差感觉。如果在五步蛇周围出现有老鼠等恒温动物活动时，五步蛇不仅能觉察出来，并能确定该动物的位置，随之进行追踪并加以袭击吞灭之。所以颊窝是一种有助于蛇类觅食的特殊器官，这种特殊器官更有利于蛇在夜间觅食。研究发现，五步蛇之所以具有扑火习性，亦与颊窝上的“热测位器”有关。

（2）蛇的形态特征

蛇的行走千姿百态，或直线行走或蜿蜒曲折而前进，这是由蛇的结构所决定的。蛇全身分头、躯干及尾三部分。头与躯干之间为颈部，界限不很明显，躯干与尾部以泄殖肛孔为界。蛇没有四肢，全身被鳞片遮盖，有保护肤体的作用。蛇分为有毒蛇和无毒蛇，无毒蛇头部一般呈圆锥状，前端细而后端粗；有毒蛇呈三角形状；蛇的躯干部呈长筒状；蛇的尾部为肛门以后的部位。

蛇的内部结构分为：皮肤系统、骨骼系统、肌肉系统、呼吸系统、消化系统、泄殖系统、神经系统、感觉器官和染色体等十大部分。

那么，蛇没有脚，怎么能爬行呢？实际上，蛇不仅能爬行，还爬行得相当快。

蛇之所以能爬行，是由于它有特殊的运动方式：

第一种是蜿蜒运动，所有的蛇都能以这种方式向前爬行。爬行时，蛇体在地面上作水平波状弯曲，使弯曲处的后边施力于粗糙的地面上，由地面的反作用力推动蛇体前进，如果把蛇放在平滑的玻璃板上，那它就寸步难行，无法以这种方式爬行了。当然，不必因此为蛇担忧，因为在自然界是不会有像玻璃那样光滑的地面的。

第二种是履带式运动，蛇没有胸骨，它的肋骨可以前后自由移动，

肋骨与腹鳞之间有肋皮肌相连。当肋皮肌收缩时，肋骨便向前移动，带动宽大的腹鳞依次竖立，即稍稍翘起，翘起的腹鳞就像踩着地面那样，但这时只是腹鳞动而蛇身没有动，接着肋皮肌放松，腹鳞的后缘就施力于粗糙的地面，靠反作用把蛇体推向前方，这种运动方式产生的效果是使蛇身直线向前爬行，就像坦克那样。

第三种方式是伸缩运动，蛇身前部抬起，尽力前伸，接触到支持的物体时，蛇身后部即跟着缩向前去，然后再抬起身体前部向前伸，得到支持物，后部再缩向前去，这样交替伸缩，蛇就能不断地向前爬行。在地面爬行比较缓慢的蛇，如铅色水蛇等，在受到惊动时，蛇身会很快地连续伸缩，加快爬行的速度，给人以跳跃的感觉。

电　蛇

这种蛇身上带电，如果人不小心触碰到它，会被电击。巴西的一个渔民在亚马逊河口捕获到一条2公尺长的电蛇，他因为是直接用手捕捉的，所以被电蛇击倒在船上。后来经过测量，发现这条电蛇身上带有650伏的电压。科学家指出，很多生物体内都带有电，这种电称为“生物电”。

（3）蛇的生活习性

蛇，属爬行纲，蛇亚目，是真正的陆生脊椎动物。有毒蛇固然可怕，但只要注意提防，也并不那么危险。以食鼠为主（也食蛙类、鸟类等），其貌不扬，形状色泽奇特、浑身被鳞，头颈高翘、躯尾摆动、快速行进、寻偶鸣叫、泅水过渡、实在难以逗人喜爱。蛇类喜居隐蔽、潮湿、人迹罕至、杂草丛生、树木繁茂、有枯木树洞或乱石成堆、具柴垛草堆和古埂土墙，且饵料丰富的环境，这些都是它们栖居、出没、繁衍的场所，也有的蛇栖居水中。

蛇喜栖于墓洞中，洞口可见稀稠成粒的粪便，这样我们就知道洞中有没有蛇了。蛇有冬眠的习性，到了冬天就在盘踞的洞中睡觉，一睡就是几个月，不吃不喝，一动不动地保持体力。待到春暖花开，蛇就醒了，开始外出觅食，而且脱掉原来的外衣。蜕皮时，蛇的新旧皮之间会分泌出一种液体，这种液体有助于蛇的蜕皮。从蛇蜕的外衣直径和长度可测出蛇的重量甚至说出蛇的名称。蛇蜕皮后不久，活动量增大，觅食量增加，体况逐渐恢复。随着气温逐渐上升，到4月下旬至5月上中旬进入发情期。寻偶时，雌雄蛇发出的鸣叫声清晰明亮，“哒哒哒”如击石声。

蛇类的产卵期一般在4月下旬到6月上中旬，因品种而异。所产蛇卵一般粘结成一个大的卵块，卵

块中卵的数量为 8 ~ 15 枚不等。蛇经常处于饥饿或半饥饿状态。一般以“守株待兔”方式捕食，但有时也主动出击。不要以为它的嘴巴小，实际上它能吞食相当于本身头部大 8 ~ 10 倍的食物。蛇吃足食物后，感到疲倦，进入休息状态，此时极易被人捕捉。至于蛇的觅食次数，因蛇类品种和大小而异。蛇一般夏令觅食活动盛期，特别是产卵繁殖期，一日一次或隔天一次。蛇体稍大的，因觅食量较大，一般是 3 日至一周左右进食一次。蛇类也喜欢在太阳光下进行日光浴，时间一般为上午10 ~ 12时左右。行日光浴时，一般伏于地面草丛或缠绕或于树干上，也有半身裸露于洞口外、石头堆外面呈盘蜷状的，姿态变化多端。蛇类的活动规律，以昼伏夜出居多，因品种而异。

（4）蛇的消化食性

蛇的消化系统非常厉害，有些在吞的同时就开始消化，还会把骨头吐出来的。还有，蛇的消化还要靠在地上爬行，利用肚皮和不平整的地面来摩擦。

毒蛇的毒液实际上是蛇的消化液，一些肉食性的蛇消化液的消化能力较强，溶解了被咬动物的身体，所以表现出“毒性”，人的胆汁也属这种消化液。

蛇的食欲较强，食量也大，通常先咬死，然后吞食。蛇的嘴可随食物的大小而变化，遇到较大食物时，蛇的下颌缩短变宽，成为紧紧包住

食物的薄膜。蛇常从动物的头部开始吞食，吞食小鸟则从头顶开始，这样，鸟喙弯向鸟颈，不会刺伤蛇的口腔或食管。蛇的吞食速度与食物大小有关，5 ~ 6 分钟即可吞食小白鼠，较大的鸟则需要 15 ~ 18 分钟。Barton 认为非洲岩蟒只有在确定捕获物的鼻子或耳朵位置时，才开始吞食。蝮蛇亦有判断捕获物头、尾的能力。

蛇消化食物很慢，每吃一次要经过 5 ~ 6 天才能消化完毕，但消化高峰多在食后 22 ~ 50 小时。如果吃得多，消化时间还要长些。蛇的消化速度与外界温度有关，观察发现，游蛇在 5 ℃气温下，消化完全停止，到 15 ℃时消化仍然很慢，消化过程长达 6 天左右，在 25 ℃时，消化才加快进行。

蛇的牙齿无法将食物咬碎，其消化系统如咽部，以及相应的肌肉系统都有很大的扩张和收缩能力。

蛇主要用口来猎食。无毒蛇一般是靠其上下颌着生的尖锐牙齿来咬住猎物，然后很快用身体把活的猎物缠死或压得比较细长再吞食。毒蛇还可靠它们的毒牙来注射烈性毒液，使猎物被咬后立即中毒而死。蛇在吞食时先将口张大，把动物的头部衔进口里，用牙齿卡住动物身体，然后凭借下颌骨作左右交互运动慢慢地吞下去。当其一侧下颌骨向后转动时，同侧的牙齿钩着食物，

便往咽部送进一步，继之另一侧下颌骨向后转动，同侧牙齿又把食物往咽部送进一步。这样，由于下颌骨的不断交互向后转动，即使很大的食物，也能吞进去。

蛇喜欢偷食蛋类，有些是先以其身体压碎蛋壳后才进食。但也有些蛇类，能把鸡蛋或其他更大的蛋整个吞下去。在吞食时先以身体后端或借其他障碍物顶住蛋体，然后尽量把口张大将整个蛋吞进去。有趣的是，非洲和印度的游蛇科中的一类食蛋蛇，具有特殊适应食蛋的肌体结构。它们颈部内的脊椎骨具有长而尖的腹突，能穿破咽部的背墙，在咽内上方形成6～8个纵排尖锐锯齿，当把蛋吞进咽部时，随着咽部的吞咽动作进行“锯蛋”把硬蛋壳锯破，并且凭借颈部肌肉的张力，使蛋壳破碎，同时把蛋黄、蛋白挤送到胃里；剩下不能消化的蛋壳碎片和卵膜被压成一个小圆球，从嘴里吐出。

气功蛇

西班牙的马德里，有一种能承担很大压力的蛇。这种蛇横卧在公路中央，汽车飞速轧过也不会被压死，原来它的腹部生有一个“吸气囊”，能使吸进的气体通遍全身，富有弹性。

第二章　蛇的种类

>>>

蛇类在大自然中是一种可以游走的陆地精灵。蛇类在地球上分布十分广泛，无论是森林、田野还是人家中都有蛇类出没的踪迹。

蛇类主要分为：一类是无毒的，另一类是有毒的可以致人于死地的毒蛇类。在毒蛇中，又可以分为眼镜蛇科、海蛇科、蝰科，这些科类的蛇都属于有毒蛇类。人类在被这些蛇咬后，受到蛇类的神经毒素的影响，会出现不同的症状，绝大多数具有致命性。因此，如不进行及时的处理将有致命的危险。也正因为如此，在人类的印象中，蛇类都是邪恶的致命杀手。于是，人们见到蛇类之后避之唯恐不及，就像是见到了凶神恶煞一般。

本章将对蛇类的分类和分布进行介绍，以帮助读者了解有毒蛇和无毒蛇的区别。

无毒蛇类

无毒蛇是至今为止世界上最大的蛇科，包括全世界2500种蛇中的1500种。大多数无毒蛇的长度在50～200厘米之间。这些蛇在形状、颜色和斑纹上各不相同，这主要取决于它们的生活习惯和栖息地。无毒蛇有坚固的牙齿，头部大多为椭圆形，尾部逐渐变细。它们杀死猎物的方式有两种：一是采用缠绕猎物的方法，使其窒息而亡；另一种是将猎物制伏后吞下。

（1）嘶声沙蛇

嘶声沙蛇是一种很细的蛇，有着长长的尾巴、光滑的鳞片和大大的眼睛。这种蛇有好几种颜色，但大多数为浅棕色或橄榄绿色，在它的腹侧有深色或浅色的花纹。嘶声沙蛇主要栖息在草原或干燥多石的地方。它们非常警觉，并且爬行速度极快，夜间活动比较频繁。

（2）加利福尼亚王蛇

加利福尼亚王蛇是王蛇类中最普遍的种类，所以在美国也称为普

通王蛇。基本体色就是有如雨伞节的黑白交织的环状花纹，其他变异体色也很多。一般而言，加利福尼亚王蛇底色多由黑色到棕色，环带斑纹则为白色到黄色都有。当然也有纵纹，星点和俗称香蕉的变异体色。加利福尼亚王蛇的亚种也很多，比较常见的有佛州王蛇、美东王蛇、亚利桑那王蛇、犹玛王蛇、星点王蛇和墨西哥的黑王蛇。至于其他种类的王蛇如夜行性的墨西哥王蛇、灰带王蛇、加利福尼亚山王蛇等都是同科而不同种的王蛇类，不是加利福尼亚王蛇的亚种。

王蛇之所以称王，当然一定有其过“蛇”之处，最主要的特点就在于它本身无毒却主要以其他蛇类特别是毒蛇为食。由于它对于蛇类的剧毒几乎是免疫的，所以在原产地经常以响尾蛇或铜斑蛇为食。当然其他如蜥蜴及老鼠、鸟类等小型哺乳动物也是其食物的范围。王蛇一般都是以蟒蛇的缠绕方式使猎物窒息死亡后再吞食。如果人类居住区域有蛇类为患，只要养条王蛇保证方圆几公里之内蛇鼠绝迹。台湾

市面上所见大多是人工繁殖的幼蛇。在原生地加利福尼亚，王蛇分布广泛而且适应多种不同的栖息地，举凡沙漠、草原、森林、沼泽、灌木丛、高山等区域都能够栖息。因此，它们的高适应力也使得它们十分适应人工养殖环境，成长与繁殖都很稳定。

虽然王蛇属于温和的蛇类，可是如果受到生命威胁，它也会发出嘶声并反击，有时还会卷成球体并以排泄物喷向敌人。但是饲养时只要不过度用力抓蛇，它极少有咬人的情形发生。

王蛇大多在 3 ~ 6 月间交配，雌性每次可以产下 4 ~ 20 颗椭圆型的蛋，大约45 ~ 90天之内可以孵化。孵化的幼蛇约 20 ~ 30 公分，一般需要 3 年以上才能长为成体。台湾的气候较为炎热，所以交配的时间都会提早，长成的时间也会缩短至两年半左右。

摆渡蛇

在非洲坦桑尼亚的一个岛上，有一种奇特的渡船。这种渡船是用一种叫做“复庚乞德”的蛇作动力的。这种“摆渡蛇”乌黑发亮，头部特别大，一次能拉动一艘载几十人和许多货物的渡船。这种蛇外形虽然显得凶恶，但性情却很和善。

（3）长鼻树蛇

树栖蛇类，尤指游蛇科者。主要以鸟、树栖蜥蜴和蛙类为食，栖息于热带森林中的树林和灌木丛中。

长鼻树蛇是一种特别纤细的蛇，头部修长，之所以叫做长鼻树蛇，是因为它还长有一个长长的鼻子。这种蛇的眼睛中长着横向的瞳孔，这使它们能够准确地判断远处的情况。长鼻树蛇的颜色是绿的，再加上藤蔓植物一样的形体使它们有了很好的伪装本领。长鼻树蛇主要栖息在热带森林中的树林和灌木丛中，主要以蜥蜴为食，也吃青蛙和哺乳动物。

（4）美洲黑蛇

美洲黑蛇是几种全身黑色或接近黑色的蛇的统称，身体呈流线型。体表有光滑的鳞片。由于生活环境的不同，其体色可能有蓝色、绿色、灰色、橄榄色等不同颜色的变化。但所有生活在同一地区的美洲黑蛇大体上都有同样的颜色。美洲黑蛇主要分布在美洲北部和中部，栖息在开阔的地方，比如田地、湖边和大草原。以爬行动物、鸟类和小型哺乳动物为食。

（5）猩红蛇

猩红蛇是一种游蛇科小型穴居夜间活动的蛇，长着一个圆筒形的身体，窄窄的突出的头和光滑的鳞片。它们的背上有红色、白色和黑色的条纹，色彩看起来十分艳丽，而腹下侧是平淡的白

色或乳白色。猩红蛇长约40厘米，常见于松散的沙土地中，也生活在腐朽的圆木或树皮下。

猩红蛇产于美国，分布于新泽西到佛罗里达地区，向西可远到德克萨斯州。猩红蛇是一种无害蛇，因身上有红、黑、白和黄色环状斑，有时被人误认为是假珊瑚蛇。有时也似猩红王蛇。

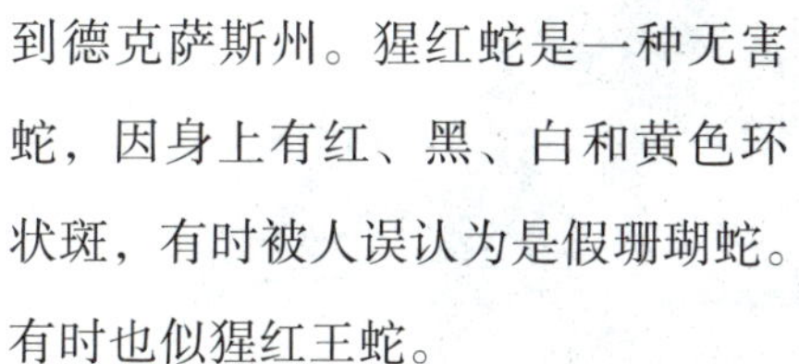

（6）蟒蛇

蟒蛇又叫做南蛇、黑尾蟒、金花蟒蛇、印度锦蛇、琴蛇、蚺蛇、王字蛇、埋头蛇、黑斑蟒、金华大蟒等。

蟒蛇属于无毒蛇类，是当今世界上较原始的蛇种之一。在其肛门两侧各有一小型爪状痕迹，为退化后肢的残余。这种后肢虽然已经不能行走，但都还能自由活动。体色黑，有云状斑纹，背面有一条黄褐斑，两侧各有一条黄色条状纹。现为国家一级重点保护的野生动物。蟒蛇还是世界上蛇类品种中最大的一种，长达5～7米，最大体重在50～60千克。

蟒蛇的主要特征是体形粗大而长，具有腰带和后肢的痕迹。在雄蛇的肛门附近具有后肢退化的明显角质距，但雌蛇较为退化，很容易被忽略。另外，它有成对发达的肺，较高等的蛇类却只有1个或1个退化肺。蟒蛇的体表花纹非常美丽，对称排列成云豹状的大片花斑，斑边周围有黑色或白色斑点。体鳞光滑，背面呈浅黄、灰褐或棕褐色，体后部的斑块很不规则。蟒蛇头小呈黑色，眼背及眼下有一黑斑，喉下黄白色，腹鳞无明显分化。尾短而粗，具有很强的缠绕性和攻击性。

蟒蛇属于树栖性或水栖性蛇

类，生活在热带雨林和亚热带潮湿的森林中，为广食性蛇类。主要以鸟类、鼠类、小野兽及爬行动物和两栖动物为食，其牙齿尖锐、猎食动作迅速准确，有时亦进入村庄农舍捕食家禽和家畜；有时雄蟒也伤害人。卵生，每年4月出蛰，6月份开始产卵，每产8～30枚，多者可达百枚，卵呈长椭圆形，每卵均带有一个“小尾巴”，大小似鸭蛋，每枚重约70～100克，孵化期60天左右。雌蟒产完卵后，有盘伏卵上孵化的习性。此时若靠近它，性凶容易伤人。

怪蛇趣谈

变色蛇

在非洲马达加斯加岛上，生长着一种名叫拉塔那的蛇，它的颜色时常变化。它爬到草丛里，就变成青绿色；伸缩在岩石上或盘缠在枯木上，就变成了褐色；把它放在红色土壤上，它很快又变成红色。

（7）绿树蟒

绿树蟒在台湾是十分常见的蟒蛇类，虽然是属于蟒蛇类，但是体型远不如缅甸蟒如此巨大，只能算是小型蟒蛇类。绿树蟒与南美洲的翡翠树蟒外型十分酷似，属于树栖型夜行性的蛇类，除产卵外终生不会到地面上活动。绿树莽的牙齿十分发达，攻击性也比较强，所以在捉取时需要特别小心，绿树莽栖息地由平地到2000公尺的高山范围辽阔，因此绿树莽能够承受10度以下的低温。

绿树蟒上下唇都具有热窝供夜间捕食哺乳类和鸟类或是啮齿类动物。在人工环境下比较偏爱小鸡小鸭类食物。幼体在半年至一年间体色开始转变为成体的绿色，转变的过程由一周至数个月不等。到三岁至四岁间就可以达到性成熟。雌蛇每次可产10～25颗卵，约经45～65天可以孵化。雌蛇会全程孵卵，幼蛇自孵化后便需自力更生。人工饲养下的繁殖并不难，比较难的是卵的孵化，所以许多国外繁殖者都是以由让雌蛇自行孵卵的方式繁殖。

绿树蟒一生的大部分时间是在树上度过的。它

们把亮绿色的身体缠绕在树枝上，静候鸟和其他动物靠近。一旦发动袭击，绿树蟒就不得不想尽办法对付猎物。它们常悬挂在空中，尾巴缠在树枝上。当把猎物缢死、吞下后，就向树上退去。

（8）黑头蟒

黑头蟒是具有最原始特征的一种蟒蛇，身体修长，长约 1.8 ~ 2.4 米，最大可达 3 米。这种蟒长着一个特殊的黑色泛光的头和脖子，但身体的其余部分是黄色、淡黄色或淡棕色的，带有深色的横条。这些横条在背部中央比在腹侧要宽一些，并且在中心线处可能连在一起。黑头莽分布于澳洲北部包括昆士兰省，栖息地包括稀树大草原、林地及岩石遍布的地区。以其他蛇、鸟类等为食，甚至包括毒蛇也是其猎食对象。

黑头蟒为澳洲四大蟒蛇之一，Aspidites 属的蟒蛇是一种非常特殊的蛇类，只有两种，也仅分布在澳洲，一就是本种黑头盾蟒，另一种则是窝玛蟒。在美国，黑头盾蟒是很受欢迎的蛇，同时也是一种非常昂贵的蛇类。黑头蟒属卵生，每次产卵约 6 ~ 18 枚。性情很温驯，极少会张口咬人，遇

到威胁时会发出嘶嘶声以吓退敌人；体态强壮，饲养容易，但是因为昂贵与稀有，目前在台湾只有非常少量的进口。

（9）白唇蟒

白唇蟒是一种很优雅的蟒，无毒。长约2.4米。白唇蟒有着修长的身体和窄窄的脑袋，身体为青铜色，并且泛着光泽；头部可能是同样的青铜色或者是更为常见的黑色，嘴边则覆盖着一排黑白相同的鳞片。白唇莽有着较为明显的热坑，嗅觉极其灵敏。

白唇莽主要分布在新几内亚及其周围的岛屿，北部个体，头部黑色，背部深棕色，略带彩虹金属光泽；腹部浅黄色；南部个体，头部及背部均为黑色，带强烈金属光泽，腹部雪白色。

白唇莽主要以小型哺乳动物和鸟类为食，卵生繁殖，每次产卵9～18枚。白唇莽属于地栖形，昼伏夜出喜欢下水，多以哺乳类为食，偶尔也捕食鸟类。天性凶猛，特具攻击性。

（10）糙鳞角吻沙蟒

糙鳞角吻沙蟒又叫做新几内亚地蚺、蝮蛇蚺，属无毒蛇类。主要分布在巴基斯坦、印度和斯里兰卡，多见于干燥多沙的地区。它们主要以啮齿类动物为食，偶尔也吃鸟类和蜥蜴。

糙鳞角吻沙蟒栖居在雨林及农场中。夜行性，性情温和，亦是广被饲养的种类；通常会出现在椰子

壳堆中，其一贯的防御方式与球蟒很像，会将头部埋藏在蜷曲成一团的身体中，不过受到干扰时可能会张口反咬。个性较为神经质而凶猛，攻击速度非常快。

糙鳞角吻沙蟒身型粗壮、尾巴短小，鳞片上有明显棱嵴化，其体色为乳白色或土黄色，在背部点缀着一系列深棕色的大斑点。这些大斑点有时会连在一起，形成一些不规则的锯齿形图案。此外，在其身体两侧还会有一些棕色的小斑点。因为体型粗状肥胖且头呈三角形，外观看起来就像是蝮蛇亚科的成员，所以也被命名为蝮蛇蚺。体长为 60 ~ 100 厘米，雄蛇体型小于母蛇几乎一半。糙鳞角吻沙蟒为卵胎生，一胎产 5 ~ 48 条小蛇。

（11）网斑蟒

网斑蟒是世界上最长的蟒蛇，也是人们知道的唯一一种体长达 10 米的蟒蛇。网斑蟒通常生活在热带，以鸟和小型哺乳动物为食，和其他蟒蛇一样，网斑蟒在两顿饭之间需要游走一段时间。但就体长而言，它们消耗的热量相对较少。这种蟒能一次下 100 枚卵，雌蟒会一直看护着卵，直到卵孵化出来。

（12）非洲蟒

非洲蟒是一种力气很大的蟒。它们都长着一个宽宽的头，头上覆

盖着无数细小的鳞片。其体色为棕色或绿棕色，在背上有不规则的深棕色标记和大斑点。这种蟒对热度极其灵敏，能觉察到周围大于0.026℃的温差，这样有利于他们捕捉冷血动物。

(13) 墨西哥玫瑰红蟒

墨西哥玫瑰红蟒是一种体形粗壮的蟒蛇，有一个窄窄的头和粗钝的尾巴。在其浅灰色的和淡黄色的身体上，从头到尾装饰着宽宽的深棕色条纹。这些条纹可能界限非常分明，或者非常粗糙。这种蟒多分布在墨西哥西北部，擅长爬高，多见于灌木和半沙漠地区，以小鸟和哺乳动物为食。

装死蛇

在南美洲有一种猪鼻蛇，善于装死，素有“装死老手”之称。如遇敌害，它就一动也不动，似死了一般，借以蒙蔽对手，死里逃生。

有毒蛇类

有毒蛇，头部多为三角形，有毒腺，能分泌毒液。毒蛇咬人或动物时，毒液从毒牙流出，使被咬的人或动物中毒。蝮蛇、白花蛇等就是毒蛇。毒液可供医药用。

全世界3000种毒蛇中仅约15%被认为对人类是有毒的。在美国约有25种蛇是毒蛇或有毒性唾液分泌物，除阿拉斯加、缅因州和夏威夷外，其他各州的毒蛇都是本地的。

在美国虽然每年有8000多人被毒蛇咬伤，但其中死亡者每年不到6人，大多数为儿童、老年人、某些宗教派中要弄毒蛇的教徒等。这些死亡者大多数是被响尾蛇咬伤所致。被其它毒蛇咬伤的大多为铜头蛇和少数的棉口蛇（一种水中的噬鱼蛇）。珊瑚蛇占所有蛇咬伤的比率不足1%。每年被动物园、学校、养蛇场、业余和职业养蛇者所收养的进口蛇咬伤约100例，多数被咬者为男性青年，其中50%是中毒的，而且多发生于故意玩弄蛇或使蛇恼怒的时候，咬伤的部位以四肢为最常见。

（1）眼镜蛇科

眼镜蛇是几种毒性剧烈的蛇的统称，多数种类的颈部肋骨可扩张形成兜帽状。尽管这种兜帽是眼镜蛇的特征，但并非所有种类都以其为主要特征。

眼镜蛇分布于从非洲南部经亚洲南部至东南亚岛屿的区域。在其分布范围内，耍蛇人喜爱使用不同种的蛇，耍蛇人会吓唬蛇，使之采取身体前部抬离地面的防卫姿势。蛇对耍蛇人的动作做出摇摆的反应，亦有可能是对耍蛇人的音乐做出反应；耍蛇人知道如何躲避蛇较慢的攻击动作，而且可能自行将蛇的毒牙拔除。

眼镜蛇的毒牙短，位于口腔前部，有一道附于其上的沟能分泌毒液。眼镜蛇的毒液通常含神经毒，能破坏被掠食者的神经系统。眼镜蛇主要以小型脊椎动物和其他蛇类为食。

眼镜蛇（尤其是较大型种类）的噬咬可以致命，取决于注入毒液量的多少，毒液中的神经毒素会影响呼吸；尽管抗蛇毒血清是有效的，但也必须在被咬伤后尽快注射。在南亚和东南

亚，每年都会发生数千起相关的死亡案例。

①东方珊瑚眼镜蛇

珊瑚眼镜蛇也叫开普珊瑚蛇，蛇亚目眼镜蛇科，大约有40个属。

东方珊瑚眼镜蛇有着一般眼镜蛇的特色颈折（其颈折部位未如印度眼镜蛇般完善）及硕大的鼻吻部位。头部很小，吻鳞较大（有利于打洞），躯体粗壮，躯体鳞片细小。

该种有三个亚种：生活在分布区最南端的指名亚种特征是体背呈珊瑚红，体侧下方浅红色或乳白色，有黑色横斑；纳米比亚亚种的体背呈土白色或灰棕色，具浅色横斑，头部黑色；安哥拉亚种通体土白色或灰棕色，头部色彩很淡。

东方珊瑚眼镜蛇是夜间活动的蛇。它们大部分时间在树叶或圆木下度过。这种蛇的身体呈圆柱形，头小，而且身上的黑色、黄色、红色或白色圆环总是很鲜艳，看上去像刚画上的一样。这样的色彩可能是为了警告那些潜在的食肉动物：它是危险的。

在繁殖时期，东方珊瑚眼镜蛇一般每次产3到11枚卵。

②印度眼镜蛇

印度眼镜蛇是眼镜蛇科眼镜蛇属成员，亦是眼镜蛇属中的重要代表种。

印度眼镜蛇最为人所知的特征是它头部至颈部的皮摺，每当进行

猎食或感应到危机时，印度眼镜蛇都会展开两侧的皮摺以威吓对手。印度眼镜蛇的皮摺范围宽阔，皮上有明显的曲线眼形纹，形态有如眼镜。一条成年的印度眼镜蛇长度为1.35 ~ 1.50米，也有个别的印度眼镜蛇的长度可以达到2米。皮摺上的眼镜纹会根据蛇种躯体颜色的不同，而有着多样的变化。另外，有一种东方的滑鼠蛇经常被误会成眼镜蛇，其实滑鼠蛇与印度眼睛蛇很容易区分。滑鼠蛇体型较长，而且它身体隆起幅度较之印度眼睛蛇要明显许多。

印度眼镜蛇主要分布于印度大陆（除了印度东北大陆），另外也散布于斯里兰卡、巴基斯坦、尼泊尔、不丹以及孟加拉国等地区。海拔2000米以内都可以找到印度眼镜蛇。

印度眼镜蛇主要捕食啮齿类、蟾蜍、蛙类、鸟类与及部分蛇类。

它们经常出没于广阔的森林与农田，也会窜到城市中，并生活于下水道等阴暗地方。它们白天一般躲在丛林中，到晚上才出来活动。

印度眼镜蛇的毒液拥有强烈的神经毒素，这些毒素主要影响突触后膜，令肌肉迅速麻痹，导致呼吸系统失调甚至心脏遽停。印度眼镜蛇的毒素成份包括化学酵素如玻璃酸脢，会导致细胞溶解素对红血球、细菌或其他抗原所造成的溶解效果，加速毒素散播。印度眼镜蛇的蛇毒症状能在人体持续 15 分钟至 2 小时之久，蛇毒蔓延在一小时内已经足以致命。

印度眼镜蛇是“印度四大毒蛇”之一（其他三种为印度环蛇、锯鳞蝰及圆斑蝰），所以在当地已经有很多专门针对这些蛇毒的血清。虽然它们的毒名远播，但其实只有一成左右的蛇咬情况曾导致死亡。

雌蛇每次可产 12 枚至 30 枚蛇卵，产在地下的巢穴中，孵化期 48 至 69 天。

手杖蛇

南极有一种蛇，受冻后假装僵死于地，人们常会顺手捺起来当手杖用。但到来年春暖花开时，它就会慢慢“活”了。

③眼镜王蛇

眼镜王蛇同样具有眼镜蛇的大多数特点，只是体形更大更长，颈部扩展时较窄而长，且无眼镜蛇的特有斑纹。但它性情更凶猛，反应也极其敏捷，头颈转动灵活，排毒量大，是世界上最危险的蛇类。在我国主要分布于华南和西南地区。

在毒王榜上排名第九、专以吃蛇为生的眼镜王蛇令众多蛇类闻风丧胆，它的地盘休想有他蛇生存。一旦它受到惊吓，便凶性大发，身体前部高高立起，吞吐着又细又长、前端分叉的舌头，头颈随着猎物灵活转动，猎物想逃，极其困难！最可怕的是，即使不惹它，它也会主动发起攻击。被它咬中后，大量的毒液使人不到 1 小时就死亡。

眼镜王蛇生活在海拔 1800 ~ 2000 米的山林的边缘靠近水的地方。它体型较大，最长达 6 米，在它黑、褐色的底色上间有白色条纹；它的腹部颜色为黄白色。幼蛇为黑色，并有黄白色第纹，是世界最大的前沟牙类毒蛇。

眼镜王蛇喜欢独居。白天出来捕食，夜间隐匿在

岩缝或树洞内歇息。它不仅非常凶猛，靠喷射毒液或扑咬猎物获取食物，而且也是世界上最大的一种前沟牙类毒蛇。眼镜王蛇之所以名闻遐迩，是因为它除了捕食老鼠、蜥蜴、小型鸟类，同时还捕食蛇类，包括金环蛇、银环蛇、眼镜蛇等有毒蛇种。

眼镜王蛇属卵生动物，通常用落叶筑成巢穴，每年7～8月间产卵，每次产20～40枚卵于落叶所筑巢中，卵径达65.5毫米×33.2毫米。雌蛇有护卵性，长时间盘伏于卵上护卵，孵出的幼蛇体长为50厘米。

眼镜王蛇一般分布在我国的云南、浙江、福建、广东、广西、海南等地。国外一般分布在南亚及东西亚等地。

因为眼镜王蛇肉质鲜美，蛇皮可制成工艺品，蛇毒、蛇胆又有极高的药用价值，所以在野外被发现的眼镜王蛇无一幸免，全部遭到捕杀，如不及时采取保护，有灭绝可能。如今，眼睛王蛇已被列入《濒危野生动植物种国际贸易公约》附录II名录中。我国的海南省、贵州省已将它列入省级野生动物名录。

它的主要食物就是与之相近的同类——其他蛇类，所以在眼镜王蛇的领地，很难见到其他种类的蛇，它们要么逃之夭夭，要么成为眼镜王蛇的腹中之物。

④喷毒眼镜蛇

印尼喷毒眼镜蛇是一种粗壮的蛇，体长可达2米多，长着光滑的鳞片和一个宽宽的脑袋。主要的体色是单一的黑色、棕色或深灰色，背部没有任何斑纹。这种蛇主要通过锯齿上的小孔向外喷射毒液。主要分布在马来半岛和印度尼西亚较大的岛屿上，以青蛙、蜥蜴、其他蛇类和啮齿动物为食。

喷毒眼镜蛇在受到外界威胁进行自卫时，能有效地通过毒牙以短距离喷射形式释出毒液以保护自己。这些毒液对于没有伤口的皮肤是没有害的，可是如果眼睛接触到这些毒液，而又未能得到及时治疗的话，就可能使人导致短暂性失明。

虽然喷毒眼镜蛇的称谓指其能“喷毒”，但其实它们并不是真的能把毒液遥遥喷出。每当它们要运用毒液时，会在毒囊位置收紧附近肌肉，用这种挤压的力量把毒液从毒囊中迫出，并流向毒蛇专有的空心前齿里的尖端位置。当毒液离开牙齿的一瞬间，一股气流会从蛇的肺部释出，令毒液变化成气溶胶状态并向前方激喷而出。而当这类喷毒眼镜蛇被迫面临困境的时候，它们甚至能把毒液喷出两米多远。

此外，一些本身并没有射毒能力的眼镜蛇及蝰蛇其实偶尔亦能喷毒。另一种眼镜蛇科而非眼镜蛇属的毒蛇——唾蛇，也有喷毒能力。

⑤森林眼镜蛇

森林眼镜蛇是非洲最大的眼镜蛇，属大型眼镜蛇，全长 1.2 ~ 2 米，最长可达 2.7 米。除头颈部呈褐色外，背部均为黑色。腹部则呈黄白色，并杂有黑色横纹。此外唇鳞为白色，

并镶有黑边，是唯一一种身体后半部分和尾巴的颜色比身体前半部分深的蛇。

它们长着光滑发光的鳞片，头和身体的前半部分是灰棕色的，上面有黑色的大斑点；身体的后半部分是闪闪发光的黑色。成年的森林眼镜蛇体长可达2米，分布在西至塞内加尔、东至索马里、西南至安哥拉、南至南非东部。主要以小型哺乳类、青蛙、蜥蜴或蛇类为食，亦善于捕食鱼类。

森林眼镜蛇主要栖息于热带雨林及周边区域。卵生，平均可产15颗卵。寿命极长，有饲养超过28年的记录。

⑥绿树眼镜蛇

绿树眼镜蛇是一种修长的大蛇，身上的鳞片很光滑，长着一个狭窄的脑袋，还有一双大大的深色眼睛。它们的头和身体是单一的翠绿色。但幼蛇刚孵化出来时是蓝绿色的。绿树眼镜蛇是一种很危险的毒蛇，其毒性较强，还很擅长攀爬，主要分布在非洲东部的灌木和森林地区，以鸟类和小型哺乳动物为食。

⑦沙漠黑速蛇

沙漠黑速蛇是一种粗细适中的蛇，长着发光的光滑鳞片和一双小小的眼睛，通体是黑色的或深灰色的，成年蛇体长可达1米。沙漠黑速蛇分布在埃及、阿拉伯半岛的部分地区和中东的沙漠和多石地区，也出现在公园和靠近城镇村庄的废墟处。这是一种独特的眼镜蛇，但有时易被认为是无害的大鞭蛇，因为这两种蛇常常会出现在同一区域中。

⑧太攀蛇

太攀蛇体长约两公尺。栖息于树林、林地，以小哺乳动物为食，卵生。

一般分布于沙漠及干枯河床等地。神经毒素，心脏毒素，一次排出的毒液足够杀死50万只老鼠，几乎具有核武器的杀伤力，与贝尔彻海蛇齐名，堪称世上最毒的蛇，毒性还要比眼镜王蛇强100倍。太攀毒蛇，在澳大利亚，十条蛇中有九条属眼镜蛇科，而太攀蛇是其中最危险的一种。太攀蛇是世界第三大毒蛇。它们的身体呈深褐色，头细长。这种蛇主要分布在人口稀少的澳大利亚北部，多见于甘蔗地里。当它们受到打扰时，后果是不可预料的。这种毒蛇一咬的烈性毒素约有110毫克，可以杀死100人左右。太攀蛇的毒素能引起呕吐，并会停止人的呼吸。值得庆幸的是，它们很少袭击人类。因此，到目前为止还没记录有人死于这种蛇的咬伤，因为此蛇分布于人迹罕至的荒漠，且性格比较温和。

另外澳洲政府及人民也早已对这种著名的毒蛇有所防范。

太攀蛇是行动快速的哺乳动物杀手，日夜均会活动，毒性强烈，本种蛇也是新几内亚南部蛇吻致死的主要元凶；卵生，每次产下3～22枚卵。

此蛇不与其他蛇一样是神经毒素，而是血毒素。这种毒素可以使

血液凝固。

⑨银环蛇

银环蛇又叫“白花蛇”。它们的身上有黑白相间的横纹，黑纹较宽，白纹较窄。银环蛇多生活在水域附近，一般白天隐伏，夜间活动，喜欢捕食鼠类和鱼类，也捕食其他蛇类。

中国银环蛇有两个亚种：指名亚种，腹鳞 203 ~ 221，躯干部环纹 31 ~ 50 个，尾部 8 ~ 17 个，分布于中国华中、华南、西南地区和台湾，以及缅甸、老挝；银环蛇云南亚种，腹鳞 213 ~ 231，躯干部

玻璃蛇

在我国湖南省索溪峪自然保护区发现了一种“玻璃蛇”。这种蛇长不到 0.65 米，粗不过大拇指左右，全身透明，能看到内脏，当地人称之为“玻璃蛇”。这种蛇学名叫蛇蜥，是我国南方一种少有的毒蛇。

环纹20～31个，尾部7～11个，仅产于中国云南西南部。全长1米左右，通身背面具黑白相间的环纹。腹面全为白色。背鳞通身1行，正中1行鳞片（脊鳞）扩大呈六角形。尾下鳞全为单行。栖息于平原、丘陵或山麓近水处；傍晚或夜间活动，常发现于田边、路旁、坟地及菜园等处。捕食泥鳅、鳝鱼和蛙类，也吃各种鱼类、鼠类、蜥蜴和其他蛇类。卵生。5～8月产卵，每产5～15枚，孵化期1个半月左右。幼蛇3年后性成熟。银环蛇毒性很强，上颌骨前端有1对较长的沟牙（前沟牙）。人被咬伤后，常因呼吸麻痹而死亡。银环蛇成体供药用。孵出7～10天的幼蛇干制入药，称"金钱白花蛇"，有祛风湿、定惊搐的功效，治风湿瘫痪、小儿惊风抽搐、破伤风、疥癣和梅毒等症。银环蛇胆可治小儿高烧引起的抽搐。

银环蛇是生长在中国华中、华南、西南地区和台湾，以及缅甸、老挝等地的毒蛇品种之一。银环蛇是一种毒性很强的蛇，且它们的毒液中含神经毒素，咬人不会痛，会使人在不知不觉中延误治疗，最终导致神经麻痹、呼吸衰竭而死。银环蛇虽为毒蛇，但性情温和，除非遭受攻击，否则不会主动攻击。

（2）海蛇科

海蛇科属于蛇亚目，包括所有生活于海水中的蛇，由古眼镜蛇进化而来，本科有16属，约50种。海蛇科的躯干后部略侧扁，尾部扁平如浆，善于游泳。头部偏小，体形不大，少有超过2米以上的，但化石表明，远古时期曾存在长达十几米的大海蛇。海蛇有从头延伸至尾的肺，但也可用皮肤呼吸。海蛇的鼻孔朝上，有瓣膜可以启闭，吸入空气后，可关闭鼻孔潜入水下达10分钟之久，可下潜数十米。海蛇身体表面有鳞片包裹，鳞片下面是厚厚的皮肤，可以防止海水渗入和体液的丧失。海蛇的舌下有盐腺，具有排出随食物进入体内的过量盐分的机能。

①青环海蛇

青环海蛇，爬行纲，海蛇科，是生活在海洋里的爬行动物。有毒。长1.5 ~ 2米。其躯干略呈圆筒形，体细长，后端及尾侧扁。背部深灰色，

⑩海环蛇

海环蛇是一种很细的蛇，长着一个十分宽大的脑袋和光滑的鳞片。它们的尾巴是扁平的，以方便游水。身体上装饰着等宽度的黑色和蓝灰色相间的条纹，但鼻子是灰黄色的。海环蛇属海洋蛇类，通常生活在暗礁附近，也出现在多岩石的海滨和红树沼泽。

⑪浮游海蛇

浮游海蛇身上长着奇怪的六角形鳞片，但这些鳞片并没有像其他蛇的鳞片那样一片压着一片。这种蛇的头修长，尾巴和身体的大部分都是扁平的。其身体一般是艳黄色的，通常沿着背部还有一条深棕色或黑色的线纹。

腹部黄色或橄榄色。全身具黑色环带55～80个。生活在海洋中，善游泳，捕食鱼类。卵胎生。分布于我国辽宁、江苏、浙江、福建、广东、广西和台湾近海。我国沿海有23种海蛇，其中广东、福建沿海海蛇资源丰富，以北部湾最多，每年可捕到5万多公斤。福建平潭、惠安、东山等各沿海县每年捕获可达1万多公斤。

青环海蛇在海中能驾驭波涛，能潜游水下，能捕捉鱼虾，能生儿育女。在距今7千万至2亿3千万年前的中生代晚期，两栖类动物中的一部分终于彻底告别水乡，完完全全在陆上定居了，从而进化为爬行动物——蛇。可是，还有一部分蛇却依然怀念故乡，再一次返回哺育过它们古老前辈的摇篮，变成我们今天所说的青环海蛇了。

在蛇类演化的早期阶段，地球上曾出现过巨大的海蛇，这些大海蛇只存在很短的时间就灭绝了，仅留下为数不多的化石，作为它们旧日曾活在世上的见证。

现代青环海蛇的个体都不很

大，它们对于海洋生活环境已有了不同程度的适应性。在北起菲律宾岛、南到大洋洲北部、西至印度海岸的广大海区有一种历史最古老的青环海蛇——铿蛇，这是青环海蛇中少有的无毒蛇类，体长大约60厘米至1米之间，肌肉松软，身体呈黄褐色，表面有很细的粒状鳞片。铿蛇的心血管和呼吸的生理机能非常适于水中生活，它的血红蛋白输氧效率特别高，潜水时的心跳可降到每分钟1次以下。它在水中的潜伏时间可以长达5小时之久，而在这期间的呼吸功能有13%是通过皮肤进行的。铿蛇唇部的组织和鳞片

能将嘴封得滴水不漏，下颌有一个盐分泌腺，用来分担肾脏排泄盐分的沉重负担。如今，铿蛇已十分少见了。

海蛇是一种神经性毒蛇，主要含神经毒素，能麻痹被咬动物的横纹肌，人咬伤严重时可以致死。

食草蛇

此蛇生活在印度尼西亚的伦贝岛上，又叫白圈蛇。这种专好食草的蛇长约1米，背部有十多个白圈形花纹。它还是农民的好帮手呢！当地农民将它捉入杂草较多的农田中，不出数日，它就能将田中的杂草吃得精光，而决不侵害农作物。有趣的是，这种食草蛇从不伤及人和禽畜，颇受人们欢迎。

横纹肌，故称肌肉毒。

长吻海蛇是卵胎生蛇类，在温暖海洋中进行繁殖，雌蛇怀孕期为6个月左右。长吻海蛇不能于陆地上活动，它们多出没于海水中，有时更会聚集成千上万条同类于水面上游弋。长吻海蛇能分泌神经毒素，经常用以猎杀鱼类。目前未有人类被其咬伤中毒并引致死亡事件的报告。长吻海蛇经常出没于太平洋海域，也是众多海蛇中唯一会出没于夏威夷群岛的一种海蛇。

长吻海蛇是世界上分布范围最广泛的海蛇，同时亦是唯一能毕生存活

②长吻海蛇

长吻海蛇属，又称黄腹海蛇，是蛇亚目海蛇科下的一个单型有毒蛇属，属下只有长吻海蛇一个物种，主要分布于世界上的热带海域。

长吻海蛇体长50～70厘米，最长可达1米。头狭长，吻长，吻端到眼的长度大于两眼间宽度。鼻孔开口于吻背，有瓣膜司开闭。躯干和尾部较侧扁。背部深棕色或黑色，腹部为鲜明的黄色。尾部可有5～10块黄斑。

长吻海蛇栖息于海洋，能远离海岸，有时集大群于海面晒太阳。以小型鱼类为食，也吃甲壳类动物。年产仔蛇2条以上。系一种神经毒类毒蛇，但作用于

于海洋（甚至深海）中、并于海中进行繁殖的蛇类。长吻海蛇与亚洲及澳大利亚地区的陆地蛇类相当类似，彼此在血缘上有着紧密的关系。长吻海蛇对海水温度的要求约为摄氏 18℃，但即使同样有足够温度的海水，长吻海蛇仍只会活跃于亚洲、澳大利亚及印度洋海域，而不会出没于大西洋或地中海一带（严格来说所有海蛇皆然）；这可能是因为南美洲与北美洲之间（巴拿马附近）有一道经历了数百万年的大陆桥，将长吻海蛇通往大西洋的道路隔绝。另外，海蛇亦不会从南美洲或南非两地的南端绕过陆地游至另一海域，这是因为上述两洲的南端海水温度均甚低，海蛇不堪其寒，因此并不会接近相关地方。

长吻海蛇与澳大利亚一带的有毒眼镜蛇关系甚为密切，但目前在分类上仍被分作独立的海蛇科。海蛇科下曾经有两个亚科，分别是扁尾海蛇亚科及海蛇亚科，不过最近的研究认为这种分类方式有不恰当之处。

虽然长吻海蛇拥有不容轻视的毒素，但相较于其他著名毒蛇（如内陆太攀蛇）来说，长吻海蛇的毒

素则尚算温和。然而，纵使长吻海蛇的毒素烈度，只相当于钩鼻海蛇的四分之一，但仍足以致命。长吻海蛇的毒性约为埃及眼镜蛇的十倍，但其输毒量却远低于埃及眼镜蛇。在澳大利亚，海蛇甚少主动向人类发动攻击。

海蛇毒素能有效摧毁骨骼肌，伴随产生肌红蛋白尿症、神经肌肉麻痹或直接导致肾功能衰竭。澳大利亚联邦血清实验室研究出一系列能有效中和部份海蛇毒素（专门针对钩鼻海蛇）的血清，这种血清亦能中和长吻海蛇的蛇毒。如果中了海蛇毒素而未能及时备有这种专用血清的话，则必须用上针对虎蛇用的血清。直至目前为止，在澳大利亚尚未有因被长吻海蛇所咬而致命的事件报告。

③贝尔彻海蛇

目前世界上约有700种蛇有毒，而最毒的蛇是贝尔彻海蛇，它的毒性比任何陆地蛇都要大许多倍。陆地上最毒的蛇是澳大利亚西部的长1.3米的小型蛇，一条蛇的毒液能毒死25万只老鼠，其毒性是眼镜王蛇的200倍。它生活在澳大利亚西北部的阿什莫尔群岛的暗礁周围。

海蛇体形与陆蛇相似，最大的差异在其侧扁如摇橹的尾部，海蛇都为有毒但其头部多与无毒的陆蛇相似为椭圆形而非三角形。

海蛇发源自澳洲与东南亚区域，是变温动物，无法在寒冷水域生存。美洲与非洲大陆南端的寒流与红海高盐度高温及巴拿马层层水闸，阻止海蛇进入大西洋，故海蛇只分布于热带与亚热带的太平洋和印度洋海域。

世界上约有50种海蛇，我国有19种，广泛分布于广东、广西、福建、台湾、浙江、山东、辽宁等

省的沿岸近海。常见的有青环海蛇、平颏海蛇和长吻海蛇。

海蛇是一类终生生活于海水中的毒蛇。海蛇的鼻孔朝上，有瓣膜可以启闭，吸入空气后，可关闭鼻孔潜入水下达10分钟之久。身体表面有鳞片包裹，鳞片下面是厚厚的皮肤，可以防止海水渗入和体液丧失。舌下的盐腺，具有排出随食物进入体内的过量盐分的机能。小海蛇体长半米，大海蛇可达3米左右。它们栖息于沿岸近海，特别是半咸水河口一带，以鱼类为食。

被海蛇咬通常无剧烈的感觉，有时不仅无痛且没有水肿现象；通常一开始时的症状都很轻微，但会逐渐恶化。患者可能会感到轻微焦虑、头晕，有时会有轻飘飘的陶醉感，患者的舌头会肿胀导致吞咽困难，肌肉无力可能恶化至全身瘫痪。

避免海蛇的攻击非常简单，不要刻意接近海蛇，如有海蛇游近时，要保持镇定静止，待它离去再行动。潜水者一定要非常小心谨慎地对待海蛇。

海蛇多为神经毒，目前对海蛇的毒性研究的不多，尚无血清可以解毒。

贝尔彻海蛇虽然是最毒的蛇但同样是最温顺的蛇，从不主动伤人。

④巨环海蛇

巨环海蛇体长约两公尺，右肺几乎占据了身体的右半部分，属于水陆两栖蛇类。

巨环海蛇生活在澳洲东北部，栖息于海洋，它可以潜入10丈深的水里，它那象桨一样的尾巴有利于迅速游动到达目的地。食物以鱼类为主，也捕食鳗鱼。卵生，有剧毒。

巨环海蛇毒牙细小，一次分泌的毒液量少。

⑤钩鼻海蛇

钩鼻海蛇亦称裂颏海蛇，是蛇亚目海蛇科裂颏海蛇属下的一种有毒海蛇。钩鼻海蛇的吻鳞幼长，为数4片，但仍比额冠鳞片短小。鼻间与吻部以两片鳞片区隔，眶前及眶后均有约1～2片鳞片。额角有1～3片鳞片。上唇有7～8片鳞片，第4片（有时连同第3片）指向双眼。下唇鳞片并不明显。其鳞片构造如尖刺般突起，背鳞约有50～70排，腹鳞则有约210～314片，比背鳞稍大。钩鼻海蛇的背部体色为深灰色，两侧及腹部则呈白色。幼蛇阶段时身体以橄榄色或灰色为主，有黑色横纹。成年钩鼻海蛇体长约为1.1米，尾巴则长19厘米。

钩鼻海蛇主要分布于印度一带的海岸及海岛，属于当地最常见的20多种海蛇之一。它们能活跃于日间及夜间，平时能潜入100米深的海洋之中，并能潜伏久达5个小时。海蛇的舌头有盐份分泌腺，能将身

及新几内亚等地区一带的海域。

钩鼻海蛇是有毒海蛇，但并不具强烈侵略性，即使被渔夫挟持亦不会害怕，不过一般而言渔人看到钩鼻海蛇都会立刻将其抛回大海中。钩鼻海蛇的毒素烈度约为眼镜蛇的 4 ~ 8 倍。约 1.5 毫克的钩鼻海蛇毒素就足以致命。钩鼻海蛇主要以鱼类为食。在香港及新加坡，钩鼻海蛇是可被食用的蛇类之一。

体多余的盐分排除。

钩鼻海蛇还分布于阿拉伯海及波斯湾、非洲塞舌尔及马达加斯加、南中国海（巴基斯坦、印度、孟加拉国一带）、东南亚（孟买、泰国、越南）、澳大利亚（北领地及昆士兰）

盾尾蛇

盾尾蛇蛇原产斯里兰卡。它的尾巴极似一面盾牌，大而扁平的蛇尾鳞甲上还长有针一样的长刺，遇敌时，即以其盾尾反击，常令偷袭者望风而逃。这种蛇头尖尾大，模样十分古怪。

⑥钩吻海蛇

钩吻海蛇体形较纤细，呈灰白色，具不连贯的浅蓝色斑纹。下颌的下方有一很大的铲状鳞，头部皮肤松弛，可以使口张的很大。普通钩吻海蛇的毒性很大，非常危险，并且没有降解的药物。钩吻海蛇主要分布于从波斯湾沿海到菲律宾及澳大利亚北部的海洋。

钩吻海蛇为卵胎生，每次产3～30个幼体。

它的毒性非常强，被它咬一口所注射的毒液就足以毒死50个人。

⑦棘鳞海蛇

棘鳞海蛇属是蛇亚目海蛇科下的一种有毒单型蛇属，属下只有棘鳞海蛇一种海蛇，主要分布于中国广东及台湾两岸的南中国海、澳大利亚、印度西部沿岸、斯里兰卡、泰国湾、马来西亚、越南等海岸地区，以及菲律宾群岛等东南亚海域。另外，亦分布于印尼、新几内亚的海岸。

⑧灰蓝刻扁尾海蛇

灰蓝刻扁尾海蛇，海蛇科。体型细长，体长可达200厘米，体重

0.5 ~ 1.5 公斤。身体前部为圆形，后部至尾部逐渐变成侧扁。体背部青灰色，从头至尾有 51 ~ 68 个青灰黑色的宽横纹环绕蛇体。腹部黄色或橄榄色。

灰蓝刻扁尾海蛇产于山东、江苏、浙江、福建、广东、广西、海南岛沿海，国外见于印度半岛沿海等地。通常生活在近海处，特别喜欢河口的地方。善游泳，离开水则笨拙，呼吸时投身出水面，换入新鲜空气后又潜入海水中，有趋光习性。主要以鳗类鱼为食。卵胎生，每次产仔蛇 3 ~ 5 条。

灰蓝刻扁尾海蛇是一种神经性毒蛇，主要含神经毒素，能麻痹被咬动物的横纹肌，咬伤人严重时可以致死。

（3）蝰科

①绝食之王——白头蝰

蛇目蝰科白头蝰亚科唯一的一种，世界罕见。最早发现于缅甸克钦山。中国云南、贵州、四川、广西、福建、江西、浙江、安徽、陕西有分布。管牙类毒蛇，一般长 500 毫米左右，最长达 770 毫米。躯干圆柱形，头部白色有浅褐色斑纹，躯尾背面紫蓝色，有朱红色横斑，头背具 9 枚大鳞。背鳞平滑。主要发现于路边、稻田、耕地、草堆，也出没于住宅附近。属晨昏活动类型。以小型啮齿动物或食虫目动物为食。人被咬伤时，除局部剧痛、肿胀、少量出血外，还出现头昏、眼花、视力模糊、眼睑下垂、吞咽困难等症状。

有朱红色横斑 10 ~ 18 个，左右两侧的横斑数相等或略有出入，成对横斑交错排列或在背中线上相遇联合成横跨背面的完整横纹。头背具 9 枚大鳞；眶前鳞 3（2），眶后鳞 2（3）；颞鳞 2+3（2），上唇鳞 6，2–1–3 式，下唇鳞 8（7 ~ 9）。背鳞平滑，17–17–15 行，是蝰科中行数最低者；腹鳞 168 ~ 205；尾下鳞 39 ~ 53 对。栖息于海拔 100 ~ 1600 米的丘陵山区，见于路边、碎石地、稻田、草堆、耕作地旁草丛中，亦见于住宅附近，甚至进入室内。晨昏活动。捕食小型啮齿动物和食虫目动物。繁殖习性不详。在我国主要分布于云南、贵州、四川、西藏、陕西、甘肃、广西、安徽、江西、浙江、福建。国外主要分布于缅甸与越南北部。

白头蝰蛇是我国 27 种毒蛇中最毒的一种，同时也是世界爬虫界公认最令人头疼的毒蛇之一，以绝食闻名，欧美曾多次进口，结果全军覆没。对于白头蝰蛇的死因，现在爬虫学界也是众说纷纭，但一般认为白头蝰蛇的低海拔高温反应导致内脏器官损伤而绝食，另一说法则是认为由于其食物的特殊性（在自然界主要食鼩鼱），而无法适应啮齿类动物。然而近几年，俄罗斯已经有研究者成功饲养并繁殖了白头蝰蛇，相信这一死结在私人饲养者手里会被解开。

白头蝰蛇是混合毒素的前管牙类毒蛇，咬伤后可引起弥漫性血管内凝血（急性 DIC），使伤肢红肿疼痛逐渐加重、功能障碍。临床使用抗眼镜蛇毒血清无效的情况下，改用改善微循环药物为主的中西医结合疗法，效果显著。

②极北蝰

极北蝰是欧洲中部最常见的毒蛇，也是英国唯一的毒蛇，每年在英国会咬伤大约 100 人。它是在北

极地区唯一能找到的蛇类，栖息在各种区域，从森林、沙丘到沼泽都有。被极北蝰咬伤后，伤口附近会有剧痛，20分钟后会有更严重的反应。受害者会产生肿胀、晕眩、呕吐，但要在6个小时后才会出现最严重的症状。被极北蝰咬伤很少会致命。有记录显示，英国自1900年至今，仅有13人死于极北蝰咬伤，其中1人还是因为对解毒剂产生了不良反应。

极北蝰主要分布于欧洲和亚洲北部，在斯堪的纳维亚半岛向北可以达到北纬67度，它大概是勉强能进入北极圈边缘的唯一蛇种了。极北蝰的耐寒能力较强，气温低到3摄氏度仍能活动。有人认为，极北蝰每2年才繁殖一次，可能也与适应寒冷的气候有关。

吐丝蛇

吐丝蛇出产在希腊北斯波拉提群岛上。它的头部下方有一个鼓鼓的囊包，就像长着一个肿瘤。但在这个囊包里却盛满了可喷射成丝的半透明状液汁。这种液汁喷出后一遇空气即可成丝。它的捕食方法是先将囊包中的液体喷出成丝，使丝织成网状兜住猎物。此网每次可捕住约0.6至1公斤重的猎物，如野鸡、鸟、田鼠和青蛙等等。当地人非常喜欢这种蛇丝，常用它制成坚韧轻便的蛇丝渔网。这种网不但比一般渔网坚韧，而且具有不怕海水腐蚀的优点。

③草原蝰

分布在巴基斯坦、印度、斯里兰卡、孟加拉国、缅甸、泰国。在我国，草原蝰主要分布在福建（诏安、泉州、惠安、仙游、南安），台湾（花莲、瑞穗、台东、高雄、恒春，成功、屏东、台北），广东（韶关、广州），广西（南宁）。在新疆是当地的主要毒蛇。

草原蝰又名金钱豹、百步金钱豹、金钱斑、古钱窗。

草原蝰无颊窝，头部背面鳞片光滑。背部灰褐色，背脊正中有一行黑褐色锯齿状纵纹，体侧有暗褐色斑点缀成的纵纹 2 ~ 3 行。生活在草原、疏林和芦苇丛，也见于海拔 3000 米的山区。吃蝗虫（占食物总量的 90% 以上）和蜥蜴。卵胎生，产 1 ~ 6 条仔蛇，最多可产 7 条。

草原蝰产于印度。一般生活于平原、丘陵或山区，主要栖息在开阔的田野。在国外主要

④蝮蛇

蝮蛇，别名土公蛇、草上飞，属于蝰蛇科，是我国各地均有分布

的一种小型毒蛇。除食用外，有很高的医药价值。

蝮蛇体长60～70厘米，头略呈三角形。背面灰褐色到褐色，头背有一深色“∧”形斑，腹面灰白到灰褐色，杂有黑斑。

蝮蛇常栖于平原、丘陵、低山区或田野溪沟有乱石堆下或草丛中，弯曲成盘状或波状。捕食鼠、蛙、蜥蜴、鸟、昆虫等。蝮蛇的繁殖、取食、活动等都受温度的制约，低于10℃时蝮蛇几乎不捕食；5℃以下进入冬眠；20℃～25℃为捕食高峰；30℃以上的钻进蛇洞栖息，一般不捕食。夜间活动频繁，春暖之后陆续出洞寻找食物。

仔蛇2～3年性成熟，可进行繁殖。蝮蛇的繁殖方式和大多数蛇类不同，为卵胎生殖。蝮蛇胚在雌蛇体内发育，生出的仔蛇就能独立生活。这种生殖方式胚胎能受母体保护，所以成活率高，对人工养殖有利，每年5～9月为繁殖期，每雌蛇可产仔蛇2～8条。初生仔蛇体长14～19厘米，体重21～32克。新生仔蛇当年脱皮1～2次，进入冬眠。

蝮蛇是我国分布最广、数量最多的一种毒蛇。

⑤尖吻蝮

尖吻蝮又名白花蛇、百步蛇、五步蛇、犁头蛇、金钱白花蛇、白花蛇、百节蛇、蕲蛇、烙铁头。属于蛇亚目，蝰科。

尖吻蝮头大，呈三角形，吻端有由吻鳞与鼻鳞形成的一短而上翘的突起。头背黑褐色，有对称大鳞片，具颊窝。体背深棕色及棕褐色，背面正中有一行方形大斑块。腹面白色，有交错排列的黑褐色斑块。体形粗短，最长的雄性1335＋206毫米，雌性1238＋165毫米。背鳞21（23）—21（23）—17（19）行，最外1～3行仅有极细的弱棱，其余均具有结节的强棱，体表粗糙；腹鳞雄性152～169，雌性162～171。肛鳞完整。尾下鳞雄性51～61，雌性48～63，大多为双行。尾尖一枚鳞片侧扁而尖长，俗称“佛指甲”。

尖吻蝮在我国分布的范围大致在东经104°以东，北纬25°～31°之间。已知的分布地区有安徽（南部）、重庆、江西、浙江、福建（北部）、湖南、湖北、广西（北部）、贵州、广东（北部）等省。国外只见于越南北部。

尖吻蝮生活在海拔100～1400米的山区或丘陵地带。大多栖息在300～800米的山谷溪涧附近，偶尔也进入山区村宅，出没于厨房与卧室之中，与森林息息相关。炎热天气，尖吻蝮进入山谷溪流边的岩石、草丛、树根下的阴凉处渡夏，冬天在向阳山坡的石缝及土洞中越冬。喜食鼠类、鸟类、蛙类、蟾蜍和蜥蜴，尤以捕食鼠类的频率最高。

尖吻蝮其中一个为人熟知的名字是“百步蛇”，意指人类只要曾被尖吻蝮所咬，脚下踏出一百步内必然会毒发身亡，以显示尖吻蝮的攻击实在奇毒无比；有些地方更称尖吻蝮为“五步蛇”，进一步夸大其毒素的威力。该蛇种的毒液的单位上的毒性（对小白鼠之LD50值）并不强烈，但并不妨碍该蛇种在事实上具有较大的危险性。根据长年调查资料显示，由尖吻蝮的咬击所导致的危险事件甚至死亡事件，至少在中国大陆地区确实是较为常见的。这一方面是由于该蛇种个体较大，性格凶猛，毒牙较长，咬伤的情形较为严重，一方面也由于该蛇属于

排毒量较大的蛇种。台湾方面就有专门对抗尖吻蝮毒素的有效血清。根据美军报告指出，尖吻蝮的毒素是以蛋白质构成的溶血毒素，而这种毒素更是强烈出血性的。被尖吻蝮咬过后，受害者会出现伤口疼痛及出血的即时现象，继而会肿大、起泡、组织坏疽以及溃疡，随后更会感到晕眩及心跳加速。

尖吻蝮在我国分布较广，其中以武夷山山区和皖南山区贮量最多。根据各省产区历年收购尖吻蝮蛇干的数量及重点产区抽样调查，我国目前尚有野生尖吻蝮1000条。蛇园人工饲养的约10000条。

⑥莽山烙铁头蛇

莽山烙铁头蛇，俗称“小青龙”，属于蝰科。全长可达2米，是具有管牙的毒蛇，头背黑褐色，有典型的黄绿色斑纹。尾后半为一致的浅黄绿色或几近于白色。头大，三角形，与颈区分明显。

腹面除前述黑褐色具有网纹外，还杂有若干较大、略呈三角形的黄绿色斑。头背黑褐色，有典型

的黄绿色斑纹。尾后半为一致的浅黄绿色或几近于白色。头大，三角形，与颈区分明显。有颊窝。头背都是小鳞片，较大的鼻间鳞一对彼此相切。中段背鳞25行，除两侧最外一行外，均具棱；腹鳞187～198；肛鳞完整；尾下鳞60～67对，尾侧扁末端平切。

我国特有种类目前仅知分布于我国湖南省宜章县境内莽山自然保护区几千公顷的狭小范围内。发现于海拔700～1100米的山区林下。烙铁头蛇是我国特有的珍稀物种，目前，全球仅在湖南莽山自然保护区东部林区有发现，生存数量只有300条。莽山烙铁头蛇还极具观赏价值，全身色泽鲜艳，被生物界称为“蛇中熊猫”。

直到1990年，莽山烙铁头蛇才为学术界发现、命名并加以科学

记载。据国家林业局调查报告显示，莽山烙铁头蛇为我国由于种群数量少、分布狭窄而面临灭绝危险的11种动物中的一种，并称其比大熊猫更濒危，急需抢救性保护。莽山烙铁头蛇全球只有莽山独有，分布只有100平方千米左右。它是目前已知的毒蛇类里的最大型蛇种，目前发现的莽山烙铁头蛇的活体，最重的为8.5千克。

莽山烙铁头蛇的传说

在莽山，居住着一个古老而神秘的山地民族——瑶族。从先祖流传下来的歌谣中描述，莽山瑶族是伏羲女娲的直系后代。伏羲女娲是人面蛇身的神仙，瑶族人继承了他们人性的一部分，而他们的蛇性则被一种叫做“小青龙”的蛇继承。传说中这种蛇体形巨大，有一条白色的尾巴。瑶族人觉得他们和“小青龙”是一母所生的亲兄弟，是有灵性的，把它奉为图腾。瑶族世代居住在深山溪峒，虽然和他们的兄弟从未谋面，但是瑶族人深信，他们的兄弟和他们共同居住在这茫茫深山中。

⑦竹叶青蛇

竹叶青蛇又名青竹蛇、焦尾巴，属于蛇目蝰科。

竹叶青蛇全身可达 60 ~ 90 厘米，通身绿色，腹面稍浅或呈草黄色，眼睛、尾背和尾尖焦红色。体侧常有一条由红白各半的或白色的背鳞缀成的纵线。头较大，呈三角形，眼与鼻孔之间有颊窝（热测位器），尾较短，具缠绕性，头背都是小鳞片，鼻鳞与第一上唇鳞被鳞沟完全分开；躯干中段背鳞 19 ~ 21 行；腹鳞 150 ~ 178；尾下鳞 54 ~ 80 对。

竹叶青蛇常被发现于海拔 150 ~ 2000 米的山区溪边草丛中、灌木上、岩壁或石上、竹林中、路

边枯枝上或田埂草丛中。多于阴雨天活动，在傍晚和夜间最为活跃。最适宜的温度为22～32℃。竹叶青主要以蛙、蝌蚪、蜥蜴、鸟和小型哺乳动物为食。卵胎生，8～9月间产仔蛇4～5条。在福建、台湾、广东等省，是造成毒蛇咬伤的主要蛇种。平均每次排出毒液量约30毫克。

竹叶青的攻击性很强，咬人时的排毒量小，其毒性以出血性改变为主，中毒者很少死亡。伤口牙痕2个，间距0.3～0.8厘米。伤口有少量渗血，疼痛剧烈，呈烧灼样，局部红肿，可溃破，发展迅速。全身症状有恶心、呕吐、头昏、腹胀痛。部分患者有粘膜出血，吐血、便血，严重的有中毒性休克。

第三章　蛇与人类的关系

蛇类是大自然造物主所创造的一种生灵，蛇类与人类都是在大自然中的一成员，在这两个成员之间，必将发生一定的联系。

人类与蛇之间是一种若即若离关系，一方面人类对蛇类有一种莫大的畏惧，另一方面人类的生活中又离不开蛇类。自古以来，就有很多关于蛇类与天气的谚语，人类通过对蛇类的生活习性的掌握，以及观察蛇类与天气变化之间的关系可以知道未来时间内的天气状况，从而来进行农事与生活。直到现在，还有很多关于蛇与天气的谚语为我们受用，在农业中起到了很重要的预示作用。

蛇类是一种大自然的精灵，它们在自然界中所扮演的角色也是必不可少的，学会与蛇类和谐相处才是我们应该努力做到的。

在野外进行活动的时候，要学会如何必备旅游秘笈，防治被蛇类攻击；在不慎被蛇类咬伤的时候，应该明白如何在野外进行急救、如何在野外生存，这些都是我们应该学习到的生活常识。本章将为读者介绍有关蛇与气象的关系，在野外如何避免蛇类攻击以及不慎被蛇咬伤后应该进行的急救措施。

蛇的全身都是宝

蛇类虽然长着一副凶神恶煞的样子，对人类甚至有致命的攻击性，但是蛇类并不是对人类有百害而无一利的，它们对人类的贡献也是很多的。

蛇的全身都是宝，它被誉为“天然的药库”。蛇肉、蛇骨、蛇酒、蛇粉、蛇胆、蛇蜕、蛇皮、蛇鞭、蛇毒、蛇血、蛇油等都是极好的中药材，具有除风湿、止疟疾、强身健骨、舒筋活血、清热解毒、润肤养颜、抗癌镇痛、免疫抗病、滋阴壮阳、提神益气、健脑益智、延年益寿的功效。

充分利用蛇类的“天然药库”作用，可以为人类的医学事业做出

一定的贡献，蛇类为人类的强身健体、延年益寿创造了良方。相信随着医学的不断发展和完善，人类研究蛇的价值将会不断提升，蛇类的药用价值也将在医学研究与治疗方面起到举足轻重的作用，蛇类的药用价值也将是不可低估的。

（1）蛇肉——高蛋白物质

蛇肉中含有大量蛋白质、脂肪和皂甙等成分，如乌梢蛇含蛋白质22.1％、脂肪1.7％。据日本对蝮蛇肉的一些生化分析表明：蛋白质中含有全部8种人体必需的氨基酸，其他如谷氨酸、天门冬氨酸的含量也远高于牛肉等高蛋白质食品，脂肪中含有亚油酸、亚麻酸等人体必需的不饱和脂肪酸及甘油棕榈酸等脂肪酸，多达12种。中医认为蛇肉具有祛风湿、散风寒、舒筋活络，并有止痉、止痒作用，临床应用于风湿性关节炎、风湿性瘫痪、类风湿性关节炎、麻风、瘾疹、小儿惊风、疥癣等疾。

（2）蛇骨——劳疾之病的缓解大使

蛇骨用于痢疾、久疟劳疾、疗疖等。

（3）蛇酒——风湿的克星

在了解蛇酒的功效之前，我们先来欣赏一个有关蛇酒的美丽故事。

相传，从前粤北有个非常漂亮的姑娘，她父亲是一位远近闻名的酿酒匠。就在姑娘18岁的那一年，不幸患了麻风病，这病现在是可以治好的，但在那时看来却十分可怕，认为是不治之症。按当时愚昧的迷信说法，只有一个办法才可救，那就是“卖风”——将麻风病卖掉。这就是找个对象结婚，把病传染给对方而自己获救。她的父亲把独生女儿看作心肝宝贝，千方百计想救她，在新婚之夜，她无论如何不肯害那青年。面对新房里高烧的红烛及红艳的“喜”字，想到自己患这绝症，千愁万悲袭上心头。于是，她就借酒浇愁，从酒缸里舀酒大喝一顿。

姑娘大醉，一连睡了好几天，事情倒也真奇怪。自从这次喝酒之后，姑娘的病却霍然痊愈。莫非酒中有什么秘密？探头到缸里一看，啊！酒缸中竟有一条跌落缸中淹死的大毒蛇。这个盛传于广东民间的

真实故事，后来还被以戏剧《麻风女》的形式搬上了舞台。

其实，蛇类入药是在2000多年前的《神农本草经》中就有记载的。

在我们的生活中，已经闻名中外的“三蛇酒”，就是以眼镜蛇、金环蛇、灰鼠蛇三种毒蛇制作而成的，而“五蛇酒”则是上述三蛇再加剧毒的银环蛇和另一种无毒蛇而成。随着蛇类药用价值的提高，目前蝮蛇等毒蛇，赤链蛇等无毒蛇也渐渐被用作浸制蛇酒的好材料。作为传统药材而位居极品的毒蛇，则是五步蛇和金钱花蛇。五步蛇又名蕲蛇，金钱花蛇乃是银环蛇刚从蛇蛋中孵出不久的幼蛇。不仅可用活蛇直接浸泡药酒，而且大多数是以头部居中，盘成圆圈烘烤成蛇干作为商品。

特别是五步蛇，声名格外显赫。唐代文学家柳宗元的名篇《捕蛇者说》中，勾勒出这样一幅画面：居于京城待奉皇帝的太医，手捧圣旨带了大队人马，兴师动众去到永州（今湖南省零陵县）的穷山僻壤，搜求一种“啮人，无御之者”的极毒蛇。这种“黑质而白章”的蛇，即为五步蛇。据《本草纲目》记载：五步蛇可以治疗麻风病、痉李病、颈肿、恶疮，消除坏死的肌肉，杀死多种寄生虫等，而这些用途在许多医学典籍上写得十分清楚。难道唐朝皇帝也患有这些病，以至要大规模地去搜罗这种毒物？在《捕蛇者说》中讲到的毒蛇的医学用途，实际上只讲了一小

部分，真是挂一漏万。孤家寡人的皇帝之所以要用到大量的五步蛇，主要目的是作为高级滋补品。皇帝是相当荒淫无耻的，整天寻欢作乐，以致未老先衰。他为恢复其衰退的性机能，就求助于五步蛇。因为这种药物具有壮阳、增强体质、永葆青春的作用。

另一则传说，唐明皇日夜迷醉于美女杨贵妃，“青宵苦短日高起，从此君王不早朝”就是说他的。日子一久，他就面黄肌瘦、四肢倦怠、疾病缠身了。为此，太医向明皇推荐服用湘西民间的一种养生酒，饮后数日，果然神清气爽、百病渐愈了。而在浸泡该养生酒的一些药材中，五步蛇是首列其中。

现代研究也证实了蛇肉中含有丰富的蛋白质和脂肪。牛肉是以含高蛋白食品闻名的，但蛇肉中的蛋白质含量更高于牛肉。蛋白质是由许多氨基酸组合而成的，人类在消化吸收过程中，需要把蛋白质化整为零，拆成氨基酸后，再用这些氨基酸加工成自身需要的蛋白质。决定一种蛋白质营养价值的高低，另一因素是

它所含的8种“必需氨基酸”的含量。这8种氨基酸为什么称之为“必需”呢？这是因为它们在人体中不可缺少，而人体又不能制造，需要依靠“进口”。蛇肉中含有这8种必需的不饱和脂肪酸、亚油酸、亚麻酸等。尤其是亚油酸的含量特别丰富，而这种生化物质对防止血管硬化有一定的作用。人们用蝮蛇制品做过动物试验，证明它具有刺激脑下垂体、性腺、甲状腺等内分泌腺器官分泌激素进入血液的作用，这样一来就起到协调和强化某些生理功能的特殊作用了。

毒蛇有毒，而且大多连同蛇头一起浸泡酒中。人吃了这种酒难道不会中毒吗？其实是没关系的。只要将蛇蒸熟了浸酒，蛇毒早已被高温破坏。即使生浸而没有除去毒囊的，蛇毒哪是50度以上米酒的对手，它一碰到酒精就丧失掉了毒性。其实，只要我们的口腔和消化道没有伤口，即使吃了少量蛇毒也不碍事，因为蛇毒招架不住消化道里蛋白酶砍来的“刀斧”，它们会一一被酶破坏掉的。

蛇酒虽具滋补作用，但通常是把它作为祛风湿的灵药的。浸泡的

方法也不复杂：用毒蛇浸酒时，若是活蛇，先剖腹除去内脏，把蛇肉洗净蒸熟，然后放到50度米酒里，封存三四个月后就可饮用。不过，习惯上喜欢用生浸法的人较多，甚至有用整条活蛇直接泡酒的。蛇肉和酒的比例，一般是0.5千克鲜蛇肉兑1.5千克米酒。根据需要还可配入不同的药材。

在我国的酒林中，蛇酒早已经占有十分显著的地位。在唐、宋时期，已能用含有草药的酒曲酿酒，再与毒蛇配制成蛇酒，治风湿病、半身不遂、口面歪斜等疾患。现今，广东的“三蛇酒”、广西的“五蛇酒”“马鬃蛇酒”、湖南的“龟蛇酒”、湖南的“养生酒”和北京同仁堂的“北京虎骨酒”的配方中，均有一定量的毒蛇配伍。这些品牌蛇酒成了老年人滋补、治病健身的佳酿，被誉为延年益寿、壮骨强身的“仙酒”，驰名海内外，深受国内外人士的青睐。

果舌蛇

果舌蛇生活在巴西草原上，全身披着绿色的花纹，长约1.5米，是一种无毒蛇。其特点是舌头上长有一粒果形舌粒，乍看酷似一颗鲜红的樱桃。它觅食时，先将身体游移至绿色植物上，然后将舌尖伸出，一些小鸟看见它那红色的舌粒，误以为是好食的果子，即去啄食，果舌蛇便迅速将其咬住，美餐一顿。

（4）蛇粉——皮肤的保护神

你了解蛇粉吗？蛇粉其实有着许多不为我们平常人所知的药理作用。现代医学临床研究证明，纯蛇粉具有广泛的药理作用。

①美容：可以调节性激素分泌、调节皮脂分泌、抑制皮肤黑色素生成和沉着、祛除痤疮。

②抗衰老：具有抗氧化、降低血中过氧化脂质、增强氧化酶活力的作用。延缓衰老、延长寿命。

③免疫调节：能增强抗体生成量、增强吞噬细胞活力、对体液免疫、细胞免疫具有显著的调节作用。提高免疫力增强抗病能力、增强体质。

④调节内分泌：刺激脑下垂体、性腺、甲状腺等内分泌器官分泌激素进入血液，使内分泌系统分泌平衡，加强某些生理功能。

⑤抗疲劳：能增加运动量并抑制谷草转氨酶活性升高，提高抗疲劳、运动耐力及应激能力；改善疲劳感，使精力旺盛、生活、工作轻松愉快，工作效率和质量明显提高。

⑥健脑益智：含丰富的 DHA，对脑细胞特别是脑的神经传导和突出的生长发育有重要作用。改善记

忆力、增强智力。

⑦抗过敏：调节免疫系统及内分泌系统，降低毛细血管通透性，能减轻、消除过敏症状或抑制过敏反应的发生。

⑧其他：降血脂、降血糖、抗炎、抗溃疡、镇静、镇痛等。

（5）蛇胆——蛇中之宝

蛇胆自古以来就是一种珍贵药材，广泛应用于临床或民间。蛇胆之所以被奉为珍贵的中药，是因它具有极好的药用价值，它能搜风祛湿、清凉明目、止咳化痰。临床上应用于治疗风湿性关节炎、眼赤目糊、咳嗽多痰、小儿惊风、半身不遂、痔疮红肿、各种角膜疾病等均有良好疗效，民间还有食蛇胆来治胃病的传统食疗法。

蛇胆的颜色大多以碧绿色为佳，一般将淡黄或橙黄的叫作“水胆”，通常不入药。也有个别种类如乌梢蛇胆，从野外捉来时虽然正常情况下也有橙黄或淡红的，但通过人工养殖一段时间后也会变成深绿色。就蛇胆的质量来说，一般冬季的蛇胆为最佳，秋末、夏初二季次之。平时要想获取质量好的蛇胆，须把活蛇饿上7～10天左右后再取。因蛇在不吃东西的情况下，胆汁的积聚量最浓、最多，取出后放在避光、通风的阴凉处，鲜胆一般不宜放置过久。

蛇胆的具体加工方法如下：

蛇胆酒：一般用鲜胆。杀蛇后取出的蛇胆，用水洗尽血污，在少量酒中浸洗5分钟左右，放置在早以准备好的酒瓶中，酒度为50度以上的粮食白酒，一般放1至2枚蛇胆，3蛇胆酒应放品种各异的3枚蛇胆，5蛇胆酒则放五枚不同种类的蛇胆，3个月后可饮服。

蛇胆汁酒：取鲜胆1～2枚剪开，放入500毫升，50度以上的粮食白酒中，一般现泡现喝，适合于蛇餐馆及酒店中，也可将鲜胆汁挤入盛酒的杯中直接饮用。

蛇胆真空干燥粉：将获取的鲜胆汁放入真空干燥器抽真空令其干

燥，得到的绿黄色结晶粉末即成，装瓶或装袋备用。

蛇胆丸：蛇胆汁配以补益中药制成的丸剂，如“蛇胆追风丸”等。

另蛇胆配以中药川贝为“蛇胆川贝液”，配以陈皮末为“蛇胆陈皮末”等都是深受患者欢迎的常用中成药。

（6）蛇蜕——天然胶原蛋白

蛇蜕又叫龙衣、蛇退等，它是蛇在生活期中自然蜕下的体表角质层，内含有骨胶原等成份。具有清热解毒、祛风杀虫、明目退翳等功能。主治惊风抽搐、诸疮肿毒、咽喉肿痛、腰痛、乳房肿痛、痔漏、疥癣、脑囊虫、角膜云翳等疾。以散剂或煎剂用之。无风毒者及孕妇忌用。《本草纲目》载：“蛇蜕，辟恶，去风杀虫。烧灰服治妇人吹乳，大人喉风。退目翳，消木舌。傅小儿重舌、重腭、唇紧、解颅、面疮、月蚀、天疱疮；大人疔肿、漏疮肿毒，煮汤洗诸恶虫伤。”

（7）蛇皮——化脓消炎剂

蛇皮是杀蛇时从蛇体表面剥下来的。蛇皮用作医药的，皮有破损及小一点无妨，唯发霉变质者不宜，临床应用于体质虚弱、白癜风、化脓性指头炎、腮腺炎、疔肿、恶疮、骨疽、牙痛等症，疗效良好。

（8）蛇鞭——补肾至宝

蛇鞭即公蛇的生殖器官。一副完整的蛇鞭包括两只性腺睾丸，两条交接器，它含有雄性激素、蛋白质等成份。在中医上有“以脏补脏，同气相求”的理论，据有关科研部门测定，蛇鞭所含补肾物质要比鹿鞭高出10%，比海狗肾、狗肾要高出约30%有余。蛇鞭具有补肾壮阳、温中安脏的功能，可以治疗阳萎、肾虚、耳鸣、慢性睾丸炎、妇女宫冷不孕等。蛇鞭再加入其他补益中药，药效将更佳，可起到补血养精的作用。对于男性精液少或含精量低、成活率差，以及活力低所致的不孕症、女性内分泌紊乱、排卵差、继发性闭经和经量少所致的不孕症均有疗效，效率高达92.5%。目前用蛇鞭为原料，制作的“蛇鞭丸”“蛇鞭散”已开始投放香港及国外市场，深受患者欢迎。

蛇鞭通常可制成如下蛇鞭制品：

蛇鞭干：杀蛇时发现是公蛇要及时将蛇鞭取出，洗尽血污控尽水分，然后将其悬于通风处晒干或烘干即可。

蛇鞭散：将烘干后无虫蛀、无霉变的蛇鞭研至极细的粉末，按小型包装要求，进行真空包装贮存。

蛇鞭酒：取新鲜蛇鞭或优质蛇鞭干，直接泡于50度以上的粮食白酒中，3个月后可饮服，用完后还可再浸泡一次。若1年后饮服，就无再浸泡的药效了。

蛇鞭丸：将蛇鞭加入辅助有益的药物，如枸杞、鹿茸、熟地、淮山药、巴戟等（由中医诊断后下药炼丸），炼蜜为丸，按医嘱服用。

（9）蛇毒——“液体黄金”

现代医学研究表明：蛇毒各种

制剂有抗凝、溶栓、降脂、去纤、扩冠降压、抗衰防老、抗癌与镇痛等作用，已广泛用于临床，疗效显著。

蛇毒含有多种生物活性物质，是生理学、药理学、免疫学、细胞学研究的高效的重要研究工具。例如，由于应用了 α－银环蛇毒素，才能对 N－胆碱受体进行分离鉴定，才进一步查清了其亚型结构，从而真正确立了受体的概念，这是 20 世纪 60 年代的重要研究成果。

我国蝮蛇酶的临床应用进展很快，四种蛇毒抗凝剂具有抗凝、去纤、溶栓、扩血管、激活脑细胞和改善微循环等多种效应，是治疗脑血管疾病的理想药物，较之第一代纤溶酶如尿激酶、链激酶为优。

蛇毒是毒蛇从毒腺中分泌出来的一种液体，主要成份是毒性蛋白质，约占干重的 90% 至 95%。酶类和毒素约含二十多种。此外，还含有一些小分子肽、氨基酸、碳水化合物、脂类、核苷、生物胺类及金属离子等。蛇毒成分十分复杂，不同蛇毒的毒性、药理及毒理作用各具特点，其中毒素表现为：

血循环毒素：（包括蝰蛇毒、尖吻蝮蛇毒、烙铁头蛇毒、竹叶青蛇毒）

神经毒素：（眼睛蛇毒、金环蛇毒、银环蛇毒、眼睛王蛇毒、响尾蛇毒）

混合毒素：（蝮蛇毒、眼睛蛇毒）

①蛇毒的治癌作用

癌症是危害人类健康的三大疾病之一，目前尚无有效疗法，各国

科学家正在将蛇毒的研究作为攻克这一堡垒的新领域。中国医科大学蛇毒研究室试图从辽宁大连蛇岛产的蝮蛇毒中找到能抑制肿瘤生长有效成分，开展了蛇岛蝮蛇的原毒与分离毒对比抑制肿瘤试验，9个不同浓度的蛇毒对小鼠肉瘤均有不同程度的抑制作用，抑瘤率有的高达87.1%。

②蛇毒的抗凝作用

中国云南昆明动物研究所从我国五步蛇毒中提取研制的“去纤酶”于1981年通过技术鉴定，用于治疗血管血栓病333例，其中脑血栓242例，有效率86.4%。中国医科大学与沈阳药学院协作研制的蝮蛇抗酸酶，用于治疗血管闭塞性疾病在临床上取得满意效果。中国医科大学蛇毒研究室研制出蛇毒抗酸酶，能降血脂、扩张血管、减少血中血栓素含量、增加前列环素、使血管平滑肌舒张，是理想的抗凝溶栓制剂。

③蛇毒的止血作用

日本利用从蝰蛇中提到的一种促凝成分，应用于临床外科、内科、五官科、妇产科等多种出血性疾病。该药名叫“爬虫酶注射剂”。

④制备抗蛇毒血清

我国抗蛇毒血清的研制始于30

年代，解放后由上海生物制品所与浙江医科大学蛇研组、浙江中医研究所、广州医学院共同协作，先后制成功了精制抗蝮蛇、五步蛇、银环蛇、眼镜蛇毒血清。

⑤蛇毒的镇痛作用

1976年云南昆明动物研究所从眼镜蛇毒中研制成功“克痛灵”临床用于治疗各种疼痛性疾病，取得独特的镇痛效果，曹宜生研制的“复方克痛宁”在治疗神经性疼痛，癌痛和戒毒方面显示出了很好的疗效。由于蛇毒镇痛剂有更高的镇痛活性，且无成瘾性，临床用于代替吗啡治疗癌症晚期的疼痛。

毒蛇的毒液，可制备特效药抗蛇毒血清，还可制备镇痛剂和止血剂，效果胜于吗啡、度冷丁，无成瘾性。蛇毒还可治疗瘫痪、小儿麻痹症等。近年来，蛇毒又被用以治疗癌症。因为蛇毒是由34种蛋白质构成的化合物，其中有一种很重要且数量较多的毒素叫溶细胞素。它是一种专门破坏细胞和细胞膜的毒素。这样就产生恶性肿瘤。如把蛇毒中的溶细胞素分离出来，注入人体随着血液循环扩散全身各处，专门杀死癌细胞，那么，攻克治疗癌

症这道难关就大有希望了。注射用降纤酶系从我国尖吻蝮蛇毒中提取。具有降纤、溶栓的作用，是治疗心血管疾病的特效药。

蛇毒的八大用处：①治癌和抗癌、抗肿瘤；②止血和抗凝血；③介毒药物和镇痛剂；④制备抗蛇毒血清；⑤科学研究；⑥降血压、降纤、溶血栓；⑦治疗血淤性头痛；⑧神经生长因子的应用。

（10）蛇血——活血祛风良方

蛇血可以减轻风湿性关节炎、关节突出变形的症状。蛇血和蛇胆同吃对治疗白血球降低有一定的“升白”作用，虎斑游蛇尤佳。另外，蛇血还有祛风、活血、镇痛的作用，对风湿性关节炎、脊柱结核、偏瘫均有较好疗效。

（11）蛇油——烫伤、烧伤的最佳良药

蛇油在我国是一种传统的纯天然护肤品。几百年前人们就已经开始使用蛇油来理疗烫伤和调理干燥、多皱、粗糙的皮肤。因为它质地细

腻，使用时感觉清凉、舒适，而且与人体肌肤的生理生长特征有着极佳的配伍和互补性，对皮肤有着很好的渗透、滋润、修复作用，非常适合人们用来理疗和保养肌肤。蛇油对人体无任何的副作用和不良反应。现在，在我国、日本、东南亚及世界很多地方，人们都已逐步认识和感受到蛇油作为纯天然护肤品的良好效果和作用，纷纷投巨资积极研究、开发与它配套使用的护肤品和保健品，来适应和满足人们日

益提高的物质生活需要。

蛇的脂肪即蛇油，含有不饱和脂肪酸、亚麻酸、亚油酸，有良好的渗透性。具有调节内分泌，润肠通便，养颜美容，防止皮肤衰老，防止血管硬化、消肿、抑制细菌生长、促进血液循环的功效。主治冻疮、烫伤、烧伤、皮肤开裂、慢性湿疹、脚癣、带状疱疹、米丹毒、香港脚、青春痘、血管硬化等。

《中国毒蛇学》中记载经常服用蛇油者虽“已经60岁”但脸上没有皱纹，更没有患上老年人的病症。

怪蛇趣谈

桥　蛇

这是生活在莫桑比克丛林地区的一种极稀罕的绞蛇。它的活动特点是喜欢群聚，并常绞缠在一起。一遇江河，它们便会像搓缆绳一样紧紧地绞缠在一起，并逐渐连接延伸。它们还会将“缆绳”的两端分别缠绕在河岸两旁的树干上，形成一座蛇桥。蛇桥不仅可供蛇通过，体轻胆大的人亦可踩着过河。

蛇与气象的关系

蛇的起源早于人类，它是经历了冰川期的考验而幸存下来的物种。在芸芸众生的大千世界中，蛇是非常不讨人喜欢的一个物种，所以才有十人见蛇九人怕的说法。但是，从原始时代起，它就同人类有着千丝万缕的密切关系。在古时候，蛇是可以有效地预报天气情况的，这究竟是为什么呢？

古人封建、迷信是当今社会认可的事实。但从古传下来关于蛇与气象的那些测天谚语，却具有屡用屡验的实用价值。即使在气象科学技术日趋现代化的今天，有经验的气象预报员，仍然常常以观察蛇的活动来作为预报天气的参考指标。在我国这还不包括相当数量的农村山区的老人们，事实上这些老人们更是依据自己对蛇千百次的观察来安排农事。

自古至今，民间流传了许多蛇与气候变化的测天谚语，如：“大蛇出洞，注意防洪”“大蛇现身，淹死兔子”“水蛇过道，小心冰雹”“蛇过道，迎太阳，三天之内雨一场”“蛇上山，天要晴，蛇下山，雨淋淋”“蛇在水中游，天晴定不久”“水蛇横过河，三天以内雨滂沱”“蛇上树，天有雨”等等。

与蛇有关天气谚语的形成，倒不如说与蛇特殊的身体构造有直接的关系。因为，蛇的感觉器官十分敏锐，天气变化前气压降低，空气湿度大，蛇在栖息的洞里感觉不舒服，肯定要在第一时间爬出洞外透气。这时，细心的人们便会观察到蛇与天气之间的对应关系了，久而久之也就把它作为天气预报的参数了，经验丰富的观蛇者一般不会看走眼的。他们从中也找到了许多乐趣，这种习惯一旦在成就中形成，无形中又成就了或影响其身边的不少人，也对蛇能有效预报天气的有关谚语越来越感兴趣，这可能就是进步吧。

火　蛇

火蛇常栖息在南美洲北部的密林中，是护林人员的极好帮手和朋友。火蛇对林中出现的火灾十分敏感，只要它一发现火种，便会奋不顾身地冲扑上去，以滚动身体的方式将火扑灭

山林旅游防蛇秘笈

每逢长假，那些爱好旅游的人们都会考虑到哪个地方游玩，不少年轻人更把到“深山老林”探险作为首选目标。事实上，这些山高林密的地方也往往是毒蛇出没率最高的地方。夏秋之交正是蛇出没的高峰期，它们一般都藏身在树林、草丛和竹林当中。像大家比较喜欢游玩的张家界，就是以眼镜蛇、银环蛇、烙铁头、竹叶青出名的。长江流域，如苏州、杭州一带，则以蝮蛇见称。

为此，大家在出游时一定要带上弹性绷带、火机（火柴）等随身用品。在不小心被蛇咬到的时候不要太慌张，要仔细看清是什么形状的蛇咬了自己，咬后的伤口痛不痛，有没有变肿，颜色是否变黑了（这样有利于医生“对症下药”）。最好马上用绷带包扎，包扎位置是伤口上部。同时应用火“烧”一下被咬

部位，并用水清洗伤口，务求把部分毒素逼出。另外，被袭击后，伤者应让受伤部位保持下垂，并要避免运动，以免蛇毒入侵其他脏器。

在此还要提醒大家，蛇是近视眼，而且只会直着看东西，耳朵里没有鼓膜，对空气里传来的声音没有什么反应。它识别天敌和寻找食物主要靠舌头。如果遇到蛇，只要它不向你主动进攻，千万不要惊扰它，尤其不要振动地面，最好等它逃遁或者等人来救援。万一被蛇追着，由于它跑得很快，千万不能和它较劲直着往前跑，而要跑曲线，使蛇看不到你，就有可能脱离危险了。

野外防蛇措施与蛇伤诊断治疗

在我们的生活、学习中，需要了解一些防蛇措施，并且要学习一些蛇伤治疗的方法，即使自己不与蛇亲密接触，也会给他人带来一些帮助。下面是特定情况下的防蛇措施和几种防蛇药物：

（1）行路防蛇

①除眼镜蛇外，蛇一般是不会主动攻击人类的。我们在过分逼近蛇体或者无意踩到蛇体时，它才会咬人。如果遇到蛇，如果它不向你主动进攻，千万不要惊扰它，尤其不要振动地面，最好等它逃遁或者等人来救援。

②蛇是变温动物，气温达到18度以上才出来活动。

在南方通常5～10月份是蛇伤发病高期。特别是在闷热欲雨或雨后初晴时蛇经常出洞活动。雨前、雨后、洪水过后的时间内要特别注意防蛇。

③蛇类的昼夜活动有一定规律。眼镜蛇、眼镜王蛇白天活动，银环蛇晚上活动，蝮蛇白天晚上都有活动。蛇伤主要集中在白天9～15时，晚上18～22时。此外蝮蛇对热源很敏感，有扑火习惯，所以夜间行路用明火照亮时，要防避毒蛇咬伤。

④穿高帮鞋（皮靴），穿着长衣长裤，戴帽，扣紧衣领、袖口、裤口。

⑤尽量避免在草丛里行路或休息，如果迫不得已，要注意打草惊蛇（眼镜蛇会主动攻击人，打草惊蛇有可能会引起眼镜蛇主动攻击人，不知道这一条到底怎样用。）

⑥尽量避免抓着树枝借力，在伐取灌木、采摘水果前要小心观察，一些蛇类经常栖于树木之上。翻转石块或圆木以及掘坑挖洞时使用木棒，不可徒手进行这类活动。

⑦如果与毒蛇不期而遇，保持

镇定安静，不要突然移动，不要向其发起攻击。应远道绕行，若被蛇追逐时，应向山坡跑，或忽左忽右地转弯跑，切勿直跑或直向下坡跑。

⑧把手里的什么东西往它旁边扔过去，转移它的注意力，或把衣服朝它扔过去蒙住它，然后跑开。

⑨如果迫不得已要杀死毒蛇，可取一根长棒，要具有良好的弹性，快速劈向其后脑门，因为那里是蛇的七寸，即心脏。

⑩警惕那种看上去已死的蛇，因为它们可能在窥视猎物而装死。

如与一条蛇狭路相逢，则应该后退避让，给它逃跑的机会，它会乖乖那么做的。

（2）营地防蛇

①避免在蛇鼠洞多、乱石堆或灌木丛中扎营。营地周围的杂草应铲除干净，另外，一条较深的排水沟也能较好的防止蛇虫的入侵。

②在营地周围撒上下列物品的一种或数种：雄黄、石灰粉、草木灰、水浸湿了的烟叶。

③在使用包裹前要小心查看一遍，蛇类很可能就躲在下面。露营时应将帐篷拉链完全合上。睡前检查床铺，压好帐篷，早晨起来检查鞋子。万一发现蛇，可迅速退后，保持一定距离。

④若打地铺，可用树枝、树叶或细竹垫铺，尽量不要用杂草。临睡前要先在地上敲打，清除地上的昆虫。醒来时，应首先仔细的察看身体周围，否则附近若有蛇或昆虫会被突然的活动惊动。

⑤注意保持营地的清洁，所有

垃圾必须及时掩埋。因为只要有星点的油脂，就有可能把蚂蚁引来，蚂蚁又会将蜥蜴引来，而蜥蜴又会把蛇引来。注意不要用火烧鱼骨头，这种气味也会把蛇引来。

（3）常见蛇药

①自制防蛇药

材料：雄黄（有毒，使用时切忌用火烧）二两、大蒜一头、纱布一块。

制作：将大蒜捣烂，雄黄碾成粉末，两样充分拌匀后，用纱布包住，扎成一小球状，以不出水为宜。

用法：将雄黄大蒜球挂在腰间，若要更保险，制作两个球，分别绑在左右脚脖子上。这样，无论走到哪里，蛇族一概退避三舍。

特点：效果显著，经久耐用，制作一次可用一月。

②蛇怕风油精

③当在野外被蛇咬后，服用蛇药片，并将解蛇毒药粉涂抹在伤口周围。各地药品供应站有不同的蛇伤药，可参照说明书使用。南通蛇药又叫季德胜蛇药（片剂）用于治疗毒蛇、毒虫咬伤，有解毒、止痛、消肿的功效。上海蛇药用以治疗腹蛇、竹叶青等毒蛇咬伤，亦可治疗眼镜蛇、银环蛇、五步蛇等咬伤，具有解蛇毒以及消炎、强心、利尿、止血、抗溶血等作用。

④血清

有条件的话，最好根据当地动物志，准备相对应的血清，冷藏携

带至当地，存放在医院中。

(4)有关被毒蛇咬伤后的问题

当和亲友一起去爬山或去野外狩猎，见到蛇的机会就相当地大，不管你是否怕它，都要尽量远离它。

多了解一些蛇伤诊断与急救知识对我们来说是非常必要的，下面即是一些诊断与救助知识与方法。

毒蛇咬伤的局部常规处理，是指被毒蛇咬伤后在尽量短的时间内，采取紧急措施，包括早期结扎、扩创排毒，烧灼、针刺、火罐排毒、封闭疗法及局部用药等。

①在不能确定为何种蛇咬伤的情况下，不能以为无明显症状就判断是无毒蛇。在多数情况下伤口可能模糊不清，在分不清是有毒蛇还是无毒蛇咬伤的情况下，应按毒蛇咬伤处理。无毒蛇咬伤常见四排细小的牙痕，毒蛇咬伤通常见一个或两个或三个比较大而深的牙痕，有的毒蛇有两排毒牙。

②局部常规处理：在蛇伤现场进行，处理越快，效果越好。病人被蛇咬伤后立即用火柴头 5 ~ 7 枝烧灼伤口，以破坏局部的蛇毒；也可用针刺或拔火罐的方法，除去伤口或周围的毒液，但对于血循毒（如

蝰蛇、铬铁头、竹叶青、五步蛇）蛇伤患者，不宜针刺或拔火罐，以免伤口流血不止。为延缓伤口蛇毒的吸收，于近心端3～5厘米处用带子扎紧，其结扎松紧程度以能阻断淋巴和静脉回流，但不妨碍动脉血流为宜，以后每隔15～20分钟放松一次，每次1～2分钟，以免肢体因血循环障碍过久而坏死，待急救处理结束后（不能超过2小时），结扎应立即解除。

③冲洗伤口：在蛇咬伤后1～2小时内，伤口处作十字切口，长2～3厘米，深达真皮以下，如无重要神经血管通过，可深达2～3厘米。伤口若有毒牙遗留，应取出，反复冲洗伤口后，伤肢搁下垂位，周围置冰袋，以减少蛇毒的吸收。应注意，血循毒蛇咬伤者不宜作扩创排毒，以免伤口流血不止，常规应用破伤风抗毒素（TAT）。

蛇毒在1～3分钟内是不会蔓延，这时挤出或冲洗蛇毒，可以有效排除大部分蛇毒。立即冲洗用双氧水或0.1%高锰酸钾，盐水或冷开水、肥皂、尿，最

好将伤肢置于 4 ℃ ~ 7 ℃冰水中(冷水内放入冰块)，在伤处周围放置碎冰维持 24 小时，亦可喷氯乙烷（降温时注意全身保暖)。切记千万不要在伤口处涂酒精。

④局部环封处理：在近心端，用绑带像打绑腿一样螺旋型大面积紧缚肢体，延缓毒液蔓延。譬如脚踝被咬，就在膝盖下包扎。蛇毒是通过静脉传递的，静脉分布在人体表。用粗布条大面积压迫体表的静脉，可以有效防治蛇毒蔓延，同时又不会因为局部扎结过紧而阻断血液流通。这样可以尽可能阻止毒液的扩散，防止毒素进入淋巴系统。结扎之后，赶紧赴医治疗，急救处理结束后，一般不要超过 2 小时。没有绑带时，也可用绳子、布带、鞋带、稻草等，在伤口靠近心脏上端 5 ~ 10 厘米处作环形结扎，不要太紧也不要太松。结扎要迅速，在咬伤后 2 ~ 5 分钟内完成，此后每隔 15 分钟放松 1 ~ 2 分钟，以免肢体因血液循环受阻而坏死。到邻近的医院注射抗毒血清后，可去掉结扎。

此外，如果就近找不到医院，可在环封处理后采取急救措施，用相应的血清 2 毫升或用 10 % ~ 15 % 依地酸二钠 4 毫升，分别与 0.25 % ~ 0.5 % 普鲁卡因溶液 5 ~ 20 毫升、地塞

米松5毫克配伍，于牙痕中心及周围注射达肌肉层，或在结扎的上方作环行封闭，这对减轻症状甚有益处。肿胀的肢体，可外敷清热解毒、活血化瘀、消肿止痛的中药，如用双柏散（侧柏叶、大黄、黄柏、薄荷、泽之）加水蜜热敷效果很好。局部出现坏死、溃疡者，则按中、西医（或中西医结合）外科处理。

⑤扩创排毒：经过冲洗处理后，用消毒过的小刀划破两个牙痕间的皮肤，同时在伤口附近的皮肤上，用小刀挑破米粒大小数处，这样可使毒液外流。不断挤压伤口20分钟。但被尖吻蝮蛇（五步蛇）和烙铁头蛇、蝰蛇、咬伤，不要作刀刺排毒，因为它们的蛇毒中有一种溶血酶，可以导致人大量出血不止，如果对伤口再做切开处理，只能加速人体失血。因为普通人无从分辨毒蛇，所以，治疗蛇伤时伤口切开的做法就不能予以推广。

⑥针刺或拔火罐：但对于血循毒（如蝰蛇、铬铁头、竹叶青、五步蛇）蛇伤患者，不宜针刺或拔火罐，以免伤口流血不止。如伤口周围肿胀过甚时，可在肿胀处下端每隔1～2寸处，用消毒钝头粗针平刺直入2厘米；如手足部肿胀时，上肢者穿刺八邪穴（四个手指指缝之间），下肢者穿刺八风穴（四个足趾趾缝之

间），以排除毒液、加速退肿。

⑦如引发中风应积极治疗，同样在必要时应进行人工呼吸，时刻关注患者的呼吸情况。银环蛇、金环蛇咬伤后昏迷的重病人可采取人工呼吸维持。

⑧解毒药的应用：被毒蛇咬伤后应尽早用药，南通蛇药（季德蛇药）、上海蛇药、新鲜半边莲（蛇疗草）、内服半边莲，半边莲和雄黄一起捣烂，制成浆状外敷，每日换一次。不过别以为有药就没事了，药只能缓解，还需要尽快找医院去。

⑨做好这些后还要避免剧烈走动或活动，保持受伤部位下垂，相对固定。如条件许可由他人运送。运送伤员到医院的路上，伤员尽量少活动，减少血液的循环，注意保暖。

⑩被无毒蛇咬后无须特殊处理，只需对伤口清洗、止血，去医院注射破伤风针即可。

解开你对蛇的 11 个误会

长期以来，人们对蛇这种动物存在着种种误会。或认为它生性恶毒，爱吃血腥的东西；或者认为它是冰凉无温情的冷血动物……那么，请你看看下面的文字吧！相信你会揭开心底的疑惑。

（1）蛇咬人

大部分情况下，蛇的攻击只发生在以下两种情况：一是捕食——也就是说，如果你没那么小，或者蛇没那么大，就是安全的。当然，在野外面对 10 米大毒蛇的时候还是跑得越快越好；二是防御——俗语“贪心不足蛇吞象”，发生的情况可能是大象踩住了蛇尾巴又不肯松开自己的脚。

（2）蛇吃东西很血腥

这个大概是受一些不负责任的恐怖片影响：一条大蛇咀嚼着一个活人。

实际上，蛇是没有咀嚼的能力的，它只能整个吞下去。而且，对于体积比较大的食物，往往是先绞杀，再吞咽。所以，蛇吃东西是很干净的，在消化之前，都是全尸。

（3）蛇不怕冷

爬行动物的温度调节机制相对于哺乳动物而言是不健全的，否则，恐龙就不至于灭绝了。

可能有人提出蛇在低温下会冬眠，据有关资料表明，乌苏里蝮在自然条件下正常冬眠的死亡率大约是50%。而我们经常听到的农夫与蛇的故事估计是发生在秋天或者春天了。

（4）蛇不吃东西也饿不死

蛇也要吃东西，只不过爬行动物的代谢率要比哺乳动物低，耐饿的能力强一些。或者，正确地说，是进食频率低一些。

（5）蛇砍掉头仍然能活

砍掉头仍能活的是蚯蚓。确切地说，蚯蚓无头，它没有进化到那个阶段。蛇无头，必死。

（6）蛇的皮肤粘糊糊

皮肤粘糊糊的是青蛙。蛇的体表覆盖着鳞片，无粘液。所以，蛇的表面很干燥。

（7）蛇总是冰凉的

蛇的体温与环境相同，不会总是冰凉的。

（8）蛇很邪恶，有蛇精存在

有蛇精——据说是一种口服液，含水 99%，红糖 1%。迷信的同志请复习马列主义哲学相关部分，并用科学武装自己的头脑。三个月内不要看的书有：《聊斋志异》《三言》《二拍》……

（9）脑袋三角的是毒蛇，花纹漂亮的是毒蛇，反之无毒

按照这个理论，眼镜王蛇无毒，帕布拉奶蛇剧毒。前者不用说了，后者是很普遍的宠物蛇，漂亮极了。

（10）被毒蛇咬到死定了

看毒性了。赤链蛇也有毒，不过目前还没有人被它弄死。要是您有幸，肯定名垂青史。即使是剧毒的，也看蛇的状态。一般而言，饥饿状态的蛇，释放毒液较多，吃饱了的较少。其他影响因素还有：伤口深浅、个人体质、蛇的大小等等。

（11）被毒蛇咬到，立即把血吸出来，然后去医院。

千真万确！不过，也要看是什么蛇了。对于毒性很低的蛇而言，自己处理一下就好了；对于某些毒性强的蛇，去了也没用。首先，我们的医院基本不备应对蛇毒的血清；其次，即使有血清，种类也有限，不见得有合适的；最后，即使有一个医院常备所有血清（这样的医院还没破土动工呢），你可能根本不认识咬你的蛇是哪一个种类。在这种情况下，允许您稍微偏离自己的无神论信仰——祈祷吧！

相信看了上面的这些文字后，你对蛇的认识该有所改变了。

第四章　幽幽蛇文化

中国一向被誉为具有华夏五千年的历史，在这个文化底蕴相当丰厚的国度，蛇文化也有着一定的地位。

在我国，蛇文化是一种具有悠久历史的文学题材，从古到今蛇文化都在不断被赋以新的内涵。在古代的时候，蛇就是以神话的化身出现的，传说中的女娲与伏羲就是半人半蛇的始祖。可见，蛇在人类的心里占有着很重要的地位。此外，还有很多人以蛇作为图腾对其进行顶礼膜拜。我国福建一带就有以蛇为图腾进行膜拜的习俗，在他们眼里，蛇是神圣不可冒犯的。在人类的心里，蛇是神圣的化身，古代的《白蛇传》就是以蛇为题材的神话故事，并且为后世广泛的传颂。

在国外，蛇文化也有着悠久的历史。在《圣经》里蛇也是神话的化身，撒旦是伊甸园里的居住者，但是由于贪婪等恶习而受到了上帝的惩罚。在外国的许多作品中，也都同样有许多关于蛇的故事。

此外，在世界各地还有很多关于蛇的故事。

世界各地的蛇文化

（1）中国的蛇文化

在中国上古神话传说中，半人半蛇的伏羲、女娲是人的始祖。仅从这一点，就能够看出蛇曾经是某些氏族、部落最为崇拜的对象。又因为蛇崇拜的普遍、广泛，所以盘古、黄帝、炎帝等神人的形象，也都曾带有蛇的痕迹。

中国神话传说中的龙，以蛇为基干和主要原型，这也可以看成蛇的神化的极致。当然，龙已经不再是蛇，但龙与蛇在人们的心目中常常相随相伴，有时被视为同类，有时被相提并论。

龙作为神灵，不仅被古代的中国人普遍尊崇，而且随着中外文化交流的发展，也被亚洲许多国家的人们所接受、认同。这种接受和认同表明，蛇在东方人的心目中地位颇高，否则人们是不会容易接受这样一位与蛇酷似的神灵的。

蛇在东方的神话传说中还会被赋予美好的形象、善良的性格。在中国，有白娘子这样美丽、善良的

艺术形象，有蛇知恩图报的传说、救济贫困的故事，还有至今尚在部分地区受到信奉的人形蛇神。而在西方关于蛇的传说中，缺乏这些内容，多神论神学在希腊文化结束之后也已经不复存在，蛇在神界也没有位置了。

当然，在现代东方文化中，蛇也已经失去了古时那令人敬畏的灵光。但从古至今，它在东方文化中的地位都比其在西方文化中的地位高。

东方人的生活和蛇的联系相当广泛。就中国的情况来说，人们的物质生活和精神生活中就时常有蛇出现。

蛇肉可以做成美味佳肴、进补食品。西方人对此很觉新奇。

以蛇入药在中国有悠久的历

史，西方生产蛇药品的时间要晚得多。

中国、印度、巴基斯坦、印度尼西亚等国，都有人饲养家蛇捕杀老鼠，既可以防止和消灭鼠害，又不会带来药物污染，可称灭鼠妙法。

中国民间有耍蛇者，有的杂技团也表演弄蛇的节目，如："蒙蛇大战""美女戏蛇"等。

中国古代就有仿蛇的盘旋而创造的奇特发型"灵蛇髻"，至今仍有"蛇妆"发式。模仿蛇的灵活动作，美化生活。

中国的民俗文化中也有不少与蛇相关，祭小蛇、驱五毒都以蛇为重要对象，更有上亿人以蛇为属相，还有形形色色以蛇为题材的工艺美术作品。个别地区还保留着完整系统的崇蛇活动仪式。这些现象，都是西方文化中不见或罕见的。

中国有一些关于蛇年、蛇生肖的禁忌、迷信，这些禁忌和迷信对某些亚洲的国家有所影响，而西方国家对其内容所知甚少。

中国传统的蛇崇拜中包含着生殖崇拜的内容。而西方人则认为毒蛇是"所有高级动物中最令人憎恨的动物""蛇一直被看做男性的象征。作为有毒的，它代表着不受欢迎的性行为，这也是部分地说明了它不得人心的原因。"在历史上，西方人并不是很重视蛇的多产多生。

因此可以说，在东方，蛇触及了人们更多的生活层面。而西方人的生活与蛇的关联相对较少。

图腾崇拜在中国原始社会中也同样存在。在马家窑文化的彩陶上发现有蛙、鸟的图像；在仰韶文化的陶器上还有蛇的图像；从半坡村出土的陶器上，也看到有人头、鸟兽的图像，这些图像有些可能就是

当时的氏族图腾。有趣的是，传说中的汉族祖先，亦有不少是蛇的化身。据《列子》中记载："庖牺氏、女娲氏、神龙（农）氏、夏后氏，蛇身人面，牛首虎鼻"。《山海经》里有"共工氏蛇身朱发"之说。在伏羲部落中有飞龙氏、潜龙氏、居龙氏、降龙氏、土龙氏、水龙氏、赤龙氏、青龙氏、白龙氏、黑龙氏、黄龙氏等 11 个氏族，它们可能是以各种蛇为其图腾的氏族。我国传说中的龙，恐怕就是蛇的神化，例如古代居住于东方的夷族，他们的一个著名酋长叫做太皞。据说他是人头蛇身，又说是龙身。

原始社会解体以后，图腾制也随之逐渐消失，但图腾崇拜的影响是很深远的，尤其是崇拜蛇的风俗在许多民族中仍旧相当普遍。马达加斯加岛上的土著萨克拉瓦族，把蛇看做是具有神秘力量的动物，认为人是蛇的化身，对蛇非常崇敬。在阿尔及利亚，水蛇被奉为家的保护者，往往被供养起来。直到现在，非洲土著的盾上还画着蛇的图形，相信蛇有特殊的魔力。中国台湾的少数民族派花族在刀鞘上、食具上也都刻上蛇的花纹，他们对一种叫做"龟壳花蛇"的毒蛇极其崇敬，不敢杀害，甚至在房子里另辟小室给它居住，小室内外的装饰及用具都雕刻了蛇样花纹。北

美土著爱斯基摩人，有在身上黥刻蛇形斑纹的习惯。非洲有些土著用蛇皮镶在盾上，以为这样就会得到蛇的神力保护。

中国十二生肖中有蛇和其他一些动物，这也可能与图腾崇拜有关。崇拜蛇图腾的残余观念，也通过各种各样的故事反映出来。最早见之于文字的，恐怕要算《圣经》创世纪中关于亚当、夏娃和蛇的故事了，这是纪元前5世纪左右的记载。比这稍晚的是《伊索寓言》中农夫和冻僵的蛇的故事。

在中国有关蛇的故事中，流传得最广的是以白娘子和许仙为主角的《白蛇传》，它在宋代已经口头传述，到了明代嘉靖年间被用文字记录下来。此外，比较动人的还有北美印第安人中战士变蛇的故事，

蛇创造岛屿的故事；在西班牙有蛇精的故事；在苏联有巨蛇波洛兹的故事；中国苗族中有蛇郎和阿宜的故事等等。这些故事不仅反映了人类和蛇的密切关系，而且通过这些故事，可以看到蛇图腾崇拜的深刻影响。

中国古代蛇文化，不仅标榜了一种服饰文化，同时也透视了一种情爱文化和中国古代的性文化。它不仅通过书籍中的文字来体现，也通过戏剧、流传或渲染来传播，今天同时也通过网络来进行媒介传播。其实，中国古代文化比现代西方文化更为灿烂、开放。它不是含蓄的表现，而是非常大胆的展示或表露的。

此外，在中国古代服饰里也有蛇文化的体现。中国是龙的传人，或许还是蛇的掌门人。从云南古滇国的铜扣饰，到古南越国广西的铜扣饰，无不渗透着蛇的足迹，蛇是这一切的纽带。

怪蛇趣谈

雨后群蛇开大会

一天中午，连续下了几天的雨停了，太阳钻出了乌云，某市淤头大桥东侧桥下约百米远的一棵柳树上有只乌鸦对着一片草地在叫，它好像在告诉人们有什么事要发生似的。只见一条2米多长的大蛇对着距离3米多远的50多条小蛇摇头晃脑，像作报告似的。一条条小蛇头朝大蛇，有的像在交头接耳，有的似在静静地侧耳细听，10分钟后，由大蛇领队往北方浩浩荡荡游去。当时过路的10多人都去观看。

（2）南亚人的舞蛇文化

时至今日，来到巴基斯坦南部信德省、海得拉巴省观光的游客，每天仍然可以看到浑身缠满了蛇的流浪艺人，他们身上的蛇能伴随着笛子发出的乐声翩翩起舞，为主人带来收入。这些艺人就是南亚次大陆上一个古老而奇特的群体——“舞蛇者”。不过，现代生活方式的变化给他们的生存带来了极大的挑战。

蛇类在南亚文化中扮演着特殊的角色，也由此诞生了“舞蛇者”这一独特的群体。“舞蛇”在南亚有着上千年的历史，目前仍有数千人在巴基斯坦从事这项古老的街头艺术表演形式。

在巴基斯坦南部地区的街头，可以看到许多从事舞蛇表演的人。舞蛇者把含有剧毒的毒蛇缠绕在自己的身上，蛇能伴随着笛子发出的乐声翩翩起舞，在舞蛇者的身上根本看不到恐惧，看到的仅仅是陶醉在其中的快乐。

捕蛇是这些舞蛇者的看家本领，每当春暖花开的季节，他们便四处觅蛇。

舞蛇者们都随身携带着一种类似笛子的独特乐器，先是用它吹出悠扬的乐曲，让蛇变得安静，再用特制的金属圈套住蛇的脖子，引诱

它将嘴张大，然后以极快的速度将其藏在蛇牙后面的毒囊取出。

现在巴基斯坦有56种毒蛇，它们中绝大多数都能分泌出有药用功能的毒液。

现在，在巴基斯坦大约有数千个以舞蛇为生的人，他们大多数是印度教信徒。这些舞蛇者常年在巴基斯坦农村云游，生活异常艰辛。

在虔诚的印度教教徒眼中，蛇并非动物，而是通人性的灵物，眼镜蛇被认为是印度教三大主神之一——湿婆的化身。

上千年的历史让舞蛇者们发展

出许多独特的习俗和仪式。每当他们的家族中有男孩出生，人们便在他身上滴几滴有毒的蛇液。他们相信这会帮助他生来便具备辨别蛇性的能力，并增强婴儿的免疫功能。

除了在街头卖艺外，舞蛇者们还有另一个副业——卖蛇药。不过，随着社会文化的进步，舞蛇者已经不再像以前那样容易挣钱了。现代人的娱乐方式越来越多，人们还可以饲养其他的宠物。据一个舞蛇人透露，他们现在一天最多只能赚到200卢比（相当于3.4美元）。

历史上的舞蛇者不断迁徙，当印度和巴基斯坦还没有分治前，从现在印度的加尔各答一直到巴基斯坦的白沙瓦都可以见到舞蛇者的足迹。从20世纪70年代起，巴基斯坦政府在信德省南部专门划出一块保留地供“蛇人”部落居住，让这个传承了上千年的艺术形式得以延续。

在巴基斯坦，舞蛇是合法的行为。不过在巴基斯坦的邻国印度，猎杀或者利用爬行动物谋生都是被严格禁止的。

动物保护主义者因此陷入了苦恼之中，他们一方面痛恨这些利用毒蛇来表演牟利的行为，另一方面却又深知这种存在了上千年的生活方式不可能一下子就消失。

由于蛇浑身上下都是宝，蛇皮可以做鞋子和皮包，蛇胆可以入药，因而一些舞蛇者开始走上了贩卖毒蛇的道路。

不过，那些坚持古老习俗和传统的舞蛇者坚决反对这种“数典忘祖”的做法，他们认为舞蛇者可以用蛇来赚钱，但绝对不可以卖蛇或杀蛇，因为假如世界上没有了蛇，他们的古老职业也将彻底消失。

舞蛇者们希望政府能够出面为他们提供经济上的扶持，并且帮助他们建立一个居住地和研究中心，一方面可以研究他们这门上千年的生活方式，另一方面也可以研究他们饲养的毒蛇。

“舞蛇”在南亚已经有着上千年的历史，但随着社会文化的进步，千年舞蛇文化如今正面临消失的威胁。

印度有蛇庙、蛇村、蛇舞、蛇

老的传统文化项目，而雪拉莱市因与蛇共舞了数百年，被印度人视为“蛇节”的发源地，故印度旅游部门将之列为重点旅游城市之一。每年8月

船赛，每年还有蛇节。祭拜蛇神是印度古老的宗教仪式，许多印度教徒会在蛇节那天给蛇神献上鸡蛋和牛奶作为供品。最近几年印度政府着力发展旅游业，全力挖掘本国古

份的蛇节，雪拉莱的市民不分男女老少，都会不约而同到郊外去捕一次蛇，他们将捕来的蛇集中放置到一座古老的庙宇里“囤积”。吃过晚饭后，他们就会来到庙宇里，争先

恐后徒手捉起一条蛇或数条蛇，步出庙宇外开始尽情狂欢，与蛇共舞。他们几乎人人手上都揣着一条蛇，有的人将蛇抱在怀里，不停地亲吻着；有的人将蛇缠绕在身上，大摇大摆地迈着方步，像是借以炫耀自己的胆大无比；有许多年轻的女性竟然把蛇系缚在肚脐间，当作美丽的“腰带”；还有一些小孩子，只穿着短裤，赤裸着的身体上倒挂着八九条红绿斑纹相间的小蛇……尽管很多人会被蛇咬伤、缠伤，但他们却引以为豪。这些人认为，被蛇咬、缠了预兆着今生今世无灾无病。

在印度西南部喀拉拉邦，有一种有关蛇的吉庆活动——蛇船竞赛，犹如我国端午节的龙舟竞赛。竞赛

点岸边椰树葱郁高大，铜锣、鼓声、号子声此起彼落，一艘艘蛇形船在进行着角逐。这便是喀拉拉邦河兰慕拉、乾帕库兰、科塔雅地区传统的欧南节蛇船竞赛的盛况。赛船的船头是一个生动的蛇头，吐着红色的长舌，60米长，高昂水面14米的蛇头吐舌翘起。蛇船竞赛在当地被看作是每个村庄的大事，因此都选拔强手参赛。参赛选手身穿白色衣裤缠白头巾，手持短划桨，每艘船上还点缀着或红或黄的伞。竞赛时，选手们整齐地分坐于船的两边，按船上歌手短促高昂、节奏鲜明的号子奋力划桨。刹那时，上百艘蛇船竞逐，水花四溅，号子声、呐喊声响成一片。如若胜利，全村人都要为他们庆功。

全印度信仰印度教的教徒约占总人口的83%，在虔诚的印度教徒眼中，蛇并非毒物，而是通人性的神。只要人无伤蛇之心，蛇就没有害人之意。外表威猛的眼镜蛇更是财神的化身，只要你善待它，并供它食物，命中一定会走好运。在印度许多农村都有香火缭绕的蛇庙，

有些尚未生育的善男信女，为求得一男半女，对庙里供奉的蛇神更是顶礼膜拜。

千百年来，印度一直活跃着一群耍蛇人。他们每天走街串巷，几个大小不一的篮子、一根笛子便构成了他们的全部家当。大多数人对蛇宁可敬而远之，而印度蛇人则把它们看作朋友。印度耍蛇人的祖先大都住在深山老林，独特的自然环境让他们从小就习惯了与毒蛇为友。让一般人望而却步的眼镜蛇、蟒蛇在他们的指挥下，无不俯首听命。就算是不小心被蛇咬了，他们也会用草药迅速解毒。耍蛇行业也是一种“眼球经济”，在现代文明和科技的冲击下，古老的印度耍蛇业

如今已呈现衰败的迹象。这种有着千百年历史的文化艺术在1972年后成为非法活动。印度政府为了禁止蛇皮贸易，1972年后严厉打击街头耍蛇艺人。他们意识到一门千年艺术即将失传。为了保护耍蛇人，政府推出“耍蛇人培训”计划。参加过政府培训的耍蛇艺人将正式成为国家动物园的驯兽师，被冠以“爬行动物专家”的头衔。耍蛇人负责向来动物园参观的孩子们讲解野生动物的趣闻和丛林生活。此外，政府建立了“耍蛇人专线”，为市民捕捉忽然爬到家中的蛇。

印度拥有一些世界上最大、最著名和最致命的蛇类。例如，眼镜王蛇，以其可怕的习性和危险的毒液而闻名；网纹蟒，体长可达十余米，是世界上最长的蛇类。这两种蛇如今非常罕见，仅存于印度少数地区，人类很少能在野外遇到。另外还有259种蛇类分布在印度各地，其中约有50种为毒蛇，有些非常危险。尽管许多人对印度蛇

类的致命危险感到忧心忡忡，但它们自己也是生态系统中高度濒危的物种之一。

（3）戏说中西蛇文化

①蛇文化审美

通常来讲，在我们一般人的印象中，蛇是毒、恶、丑的集大成者，是人人避之唯恐不及的可怕的“长虫”。但是，如果它被赋予善与美的因素，你是否会感到很不可思议呢？听起来，这似乎与我们的生活经验是相矛盾的，然而，只要将中西文化背景下蛇的形象作一个全面考察，我们就会发现事实的确如此：蛇是有两面性的。

首先，可以说，蛇的矛盾性、两面性在人们的日常生活习俗中表现得最为集中和突出。一个明显的事实是，蛇毒的致命威力以及人因此产生的对蛇的恐惧心理（以远古尤甚）导致了在西方语汇中，一般是将蛇视为狠毒、可怕的象征而加以运用的。例如西语中的“两头蛇”就是一个建立在这种象征意义基础上的很著名的典故，古希腊悲剧之父埃斯库罗斯的三部曲《奥瑞斯提王》之一《阿伽门农》中，克吕特美斯特拉因对丈夫阿伽门农不忠且伙同情人杀害了他，便被人咒为“两头蛇”。西语典故中还有不少是以蛇为象征来揭示反面性的特征的。如“美杜莎的头”比喻可怕的或丑恶的事物。美杜莎是希腊神话中的女妖，其最大资本就是一头漂亮的头发，但她竟因此胆敢与雅典娜比美，结果惹得这位智慧女神恼羞成怒将其头发变成了一堆令人厌恶恐惧的丑恶的小蛇。还有所谓“冻僵的蛇”，源于伊索寓言，它警告人们，无论怎样，邪恶的人（或是动物）是不会改变其本性的，善良的人如果怜惜恶人，最后只能被恶人伤害。从后世文学作品中，我们也能看出西方人这方面的用语习惯，如莎士比亚悲剧代表作《哈姆莱特》中，克劳狄斯向国人撒谎以掩盖其篡位真相时说是一条毒蛇咬死了在花园睡觉的老王，而老王的鬼魂则在嘱咐王子复仇时咒骂说“那毒害你父亲的蛇，头上正戴着王冠呢。”

与此同时，西方人的生活习俗中也有对蛇的正面性特征的肯定。

人类文化学家雅克布？贝姆说："因为蛇的存在曾经是一种巨大的力量……认识自然的学者们十分理解，蛇身上存在着一种极妙的艺术，在其生命中甚至还有美德。"古希腊罗马的传说中，雅典卫城就由一条巨蛇守卫，而这条蛇据说是象征着雅典城的老国王、蛇人厄瑞克透斯的灵魂。希腊民间还流行在亡者的墓前洒奶祭奠以使其变身为蛇的习俗，那里至今还流行着"跳蛇"的风俗，神庙里也往往供奉着大蛇，这都是为了表示对蛇的感激之情。在西方文化传统中，蛇还是繁殖力的象征。据传，奥古斯都的母亲在一个阿波罗神庙里梦见了一条蛇来看她，于是才有了身孕；传说中，古罗马统帅大西庇阿、马其顿国王亚历山大大帝都是这样奇迹般地诞生的。直到文艺复兴以后的近代，西方人还有这样一种看法，即认为生育出伟大人物的母亲都是曾梦见过怪物特别是与龙蛇相交的。这种看法与我国民俗中认为的梦见蛇表吉兆的说法不谋而合。

在中国人的生活习俗中，一方

面，中国人在自己的语汇系统特别是日常用语中，将蛇当作阴险、毒辣的象征，丑恶、恐怖的体现，有始无终的代表，敌对力量的化身加以运用、警诫或诅咒。如：打草惊蛇、引蛇出洞、牛鬼蛇神等。具体举例说明如下：龙蛇混杂——这里蛇与龙相对，是指敌对力量或形形色色的坏人；一朝被蛇咬，十年怕井绳与杯弓蛇影——形容恐怖心理；虎头蛇尾——形容做事有始无终；春蚓秋蛇——指书法拙劣、丑陋；佛口蛇心——比喻心理毒恶。民间甚至还把漂亮而言行不为一般人赞许的女性叫做“美女蛇”，纤细的女性身肢被叫做“水蛇腰”等等，这些可谓丰富多姿，穷形尽相，蛇的反面特征被人们挖掘和运用得淋漓尽致。

另一方面，在中国人的生活习惯中，蛇也不乏正面的象征意义。如蛇是十二生肖之一，居代表十二地支用以记人出生年的十二种动物之列，在这种民俗事象中，蛇的反面因素无疑是被排除或者说是被有意地忽略了的，就像属猪的人决不会被人们将好吃、贪睡、不讲卫生等不良特点与之相联系一样。蛇在民俗中还象征着吉兆。《诗经·斯干》云："维虺维蛇，女子之祥。"意思是说，梦见蛇是生女之吉兆。民间还有"梦蛇入怀生贵子"之类的说法，意思与此大致相似。在所有蛇类中，一种"两头蛇"更是具体的吉祥物（这与前面所述西语中的恶物"两头

蛇”概念有很大不同），据说谁见了这种像是身穿紫袍、有车轮那么粗、车辕那么长、听到雷声便昂起红色的头站起来的怪蛇，谁就会将其称为帝王。史书记载：春秋时，齐桓公见到了这种蛇，很害怕，以为活不成了，占卜师却安慰他说看见两头蛇是吉兆，果然桓公不但没死，原有的疾病也竟不治而愈了。楚国的孙叔敖小时候也看见了这种怪物并杀了它，亦以为自己不久于人世，回家后痛哭不已。其母说：“你虽然杀了它，但已把它埋好了，上天会报答你的善行的。”果然孙叔敖不死，反而做了楚丞相。在中国古代，阴阳五行说是关于宇宙起源的学说，它将五行（金、木、水、火、土）与四方、四季相联系，进而又与民间神灵相联系，出现了四种象征性的动物代表四方：青龙为东，朱雀为南，白虎为西，玄武为北。而玄武即龟蛇之合体，它既是北方之神，又是水神。这里蛇与其他几种动物一起被视为神物，去代表宇宙四方，对国家兴旺繁荣及领土完整有着深刻的影响。

其次，早在大约公元前6000年至公元前1600年间，一种自然宗教（自然崇拜）——米诺斯宗教在位于地中海的克里特岛达到高潮。

其推崇两类神祇——家庭女神和自然女神，而前者的标志就是一条长蛇。起初，它是家庭的女佑护，后成为亡灵逝者的象征。

古希腊神话中还描绘到，智慧女神与胜利女神都是手拿着画有蛇图案的盾牌，复仇女神的头发则本身就像一条条的蛇，医药之神阿斯克勒庇俄斯则拄着一根长蛇盘绕的拐杖等等。由此可见，蛇被当时的人们作为了一种炫耀自己、威慑敌人的标志和象征物了。正如马克思曾说的："任何神话都用想象和借助想象以征服自然力，支配自然力，把自然力加以形象化。"我们有理由相信，在生产力水平极低、人类防御自然灾害能力极差的当时，蛇的至尊地位完全是由于人类对它的恐惧与担忧造成的。

随后的情况发生了一些变化。中世纪的人们对蛇的态度与情感更多地变成了厌恶与憎恶。一个经典的例证就是，在西方，作为比基督教主还要经典的《圣经》中蛇给人的第一印象便是一个反面角色。正是蛇，使得夏娃违反了上帝的禁律，偷吃了禁果，最后被赶出伊甸园，并被罚永受怀孕、生育之苦。因此，17世纪英国资产阶级革命诗人弥尔顿在借用这一素材创作《失乐园》时，对蛇也是大加挞伐的。他写道："那条阴险的蛇，正是他，施奸计/由于仇恨和妒嫉的激励，欺骗了/人类的母亲……"。但不管怎样，蛇在宗教信仰中仍占据着不可忽视的特殊地位，人类对他又恨又怕的心理依然如故。其实即使是在《圣经》中，蛇也存在着另一方面的象征意义。《圣经·民数记》中，上帝派来的火蛇虽然使许多以色列人丧生，但也正因为如此“上帝的选民”本身才获得新生：在毒蛇的惩罚下，还活着的以色列人对死亡感到极大的恐惧，对怨渎耶和华和耶稣感到衷心的忏悔，于是上帝叫摩西造了一条火蛇，说“凡被咬的，一望这蛇，就必得活”，果然以色列人最后因此得救了。

可以说，古代西方人对蛇的崇拜与信仰就是在这种恨怕交织的复杂心态下形成的，并维持了极为久远的时间。

在我国古代，人们对蛇的态度也是极其复杂的。首先，恐惧心理是难以避免的，这可以从大概是最早的招呼语之一“无蛇（它）乎”窥见一斑。上古恶劣的自然环境中，一般野兽虽猛还可提防，而毒蛇却是防不胜防的，对那个时候尚未建立固定居住村落的远古人群来说，被蛇咬伤致残甚至丧命的情况随时都有可能发生。《左传·成公二年》记载，齐晋两国在革安地打了一仗，齐军溃败，齐顷公在逃跑时，马车被树木挂住，卫士逢丑父因前一天晚上睡觉时胳膊被蛇咬伤无力推车，结果顷公居然因此被俘。春秋时的国君随从尚且遭遇这样的事，其他人以及更早时候的人就可想而知了。带着对蛇类的恐惧，对人自身无法保证绝对安全的担忧，大家见面时，问问“无蛇乎”就是合情合理的了。这大概也可算是一种原始宗教中的语言信仰吧。实际上，东汉许慎《说文解字》对“它”（蛇）字的解释就是这样的：“上古草居恙它，故相问无它乎？”时至汉代，此问候语还可见诸记载，《后汉书·马援传》载马援致杨广书信云：“援间（最近）至河内，……欲问伯春无它否，竟不能言。”

但总的说，蛇在中国人的心目中始终没有像在西方人眼中那样坏得那么厉害。比如在远古中国人的崇拜、信仰中，蛇与西方文化中的角色身份有着性质上的不同，它是

因为有功或有利于人们而受到崇敬以至被视作图腾的。如中国人信仰的开天辟地大神盘古，是人首蛇身；男女之始祖、伏羲与女娲据史记载也是人首蛇身，出土的文物刻绘图案也印证了这一点。《山海经》中记载着中国古代有个信奉图腾的部落，其中有个以蛇为图腾，另外书中所传故事里的夸父、大人、载天、延淮等神祇，他们或蛇身，或双手操蛇，或由蛇环绕，都与蛇有难解之缘。《列子·汤问》中记愚公移山时也曾惊动了“操蛇之神”，该神报告上帝后，太行、王屋二山才由上帝派人移走。中国人崇拜的龙实际上也是蛇的衍化和美化，我们自称“龙的传人”，其实也未尝不可说是“蛇的子孙”。这一切都折射着远古蛇图腾崇拜的信息。

佛教传入我国后，这种外来宗教很快与中国传统文化融合，于是在佛教寺庙门口，就出现了“有中国特色”的四大金刚的塑像。他们手中分别拿着剑、琴、伞、蛇，这在中国民间信仰中提到，表示着风调雨顺，其中“蛇”对应的恰为“顺”，可见在中国的宗教信仰中，蛇也是一种象征，不过它不像西方宗教中那样象征着邪恶和诱惑，而是象征着威严与美好祝愿。

第三，文学是生活的反映。社

会文化与集体意识决定了文学中的蛇形象的基本特征。

从西方文学的描写来看，蛇被突出表现的特征当然还是他对人类的威胁以及人们由此而产生的对它的厌恶感。希腊神话传说中提到，希腊联军出发远征特洛亚之际，英雄菲罗克忒斯因被蝰蛇咬伤，被遗弃在孤岛达 9 年。希腊英雄赫拉克勒斯的 12 件大功中有一件就是斩杀伤害人畜的 9 头水蛇，他还曾捏死了天后赫拉派来害他的两条毒蛇。罗马诗人奥维德的《变形记》中也讲到，俄耳浦斯结婚后，其新娘与仙女们在草地上散步，结果被蛇咬伤踝骨，不治而死。维吉尔的《伊尼德》中则描写了拉奥孔及他的两个儿子被巨蟒缠死的故事，由此表明蛇身也是足以致人死命的，是可怕的。在西方寓言中，从古希腊伊索寓言到古典时期法国拉封丹寓言再到 19 世纪初的俄国克雷洛夫寓言，都有关

于农夫与蛇的寓言，反映的就是蛇只会害人、不知恩图报的卑鄙“小人”特征。

这些描写进一步表明，在西方人的意识与观念中，蛇与丑、毒、恶的对应关系已经是较为固定了。这与中国文学中描写的蛇的主导特征仍是基本一致的。在中国神话传说和其它文学描写中，蛇往往被视为带给人类不幸与灾难的怪物、不祥之物。如传说中，洪水之神叫相柳，“九首，人面，蛇身”，这恶神所到之处，土地都要变成泽国。还有的蛇则给人类带来旱灾。《山海经·北山经》记：“有大蛇，赤首白身，见则其邑大旱。”唐代文人柳宗元的《捕蛇者说》讲到永州有一种异蛇，“触草木尽死，以啮人无御之者”，“有蒋氏者”曾诉苦说：“吾祖死于是，吾父死于是，今吾嗣为之十二年，几死者数矣。”从侧面也反映了蛇毒之剧、危害之深广。中国的文学描写中，蛇通常还是一种危害人类、面目可憎、人人见之而生畏、必欲诛之而后快的毒物。《聊斋志异·花仙子》就说到有一个蛇精，专门引诱男人，使之“裸死危崖”。鲁迅先生的《从百草园到三味书屋》记载了长妈妈给“我”讲的

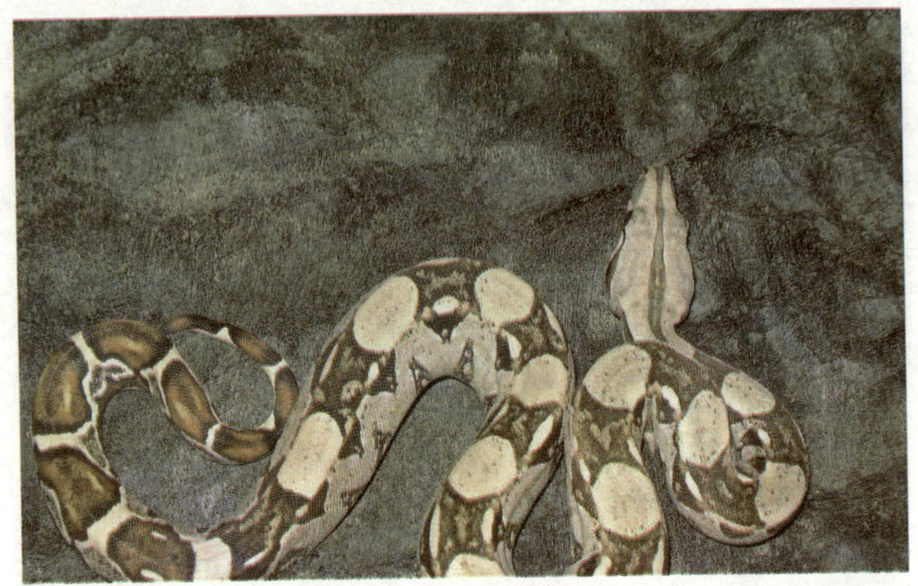

一个美女蛇的故事，说“这是人首蛇身的怪物，能唤人名，倘一答应，夜间要来吃这人的肉的。”弄得童年的“我”夏夜乘凉时，“往往有些担心，不敢去看墙上”。

与此同时，中西文学中也都有着赋予蛇类以某种善良人性的作品，表明了中西方人并不排除有时也以蛇作为自己某种理想或情感的寄托的对象。如但丁在《神曲·地狱》第二十五篇的开头，诗人看到了一个窃贼和渎神的罪人被一条执行神圣教义的蛇活活缠死，诗人不由得赞赏地喊道：“从这个时候起，蛇类反而成为我的朋友。”19世纪初英国浪漫主义诗人济慈的长诗《拉弥亚》中的蛇则是一个可爱的女性正面形象，虽然她最后被敌人击败而消灭，但是仍给读者留下了无尽的思念和深刻的印象。同样，中国文学作品中也有将蛇作为美好理想化身加以赞美的，如《白蛇传》中大胆追求人间爱情生活并具有大无畏反抗精神的白娘子。由于这一形象折射了封建社会中国妇女的命运，其追求表达了人们对幸福生活的向往，因而这里的白蛇不再是危害人类的化身，而是一个令人感动、值得同情的正面形象。在中国民间传说中，人蛇互变的故事也有很多，

除了蛇（龙）女外，还有众多的蛇郎形象，他们一般都是正直善良和英俊漂亮的化身，都是理想化了的正面形象。

当然，总的说来，文学作品中蛇的形象还是“瑜”不掩“瑕”的，它的毒、丑、恶的特质及其因此令人恐惧与憎恨的一面，毋庸讳言还是文学作品表现的主体。

由以上对中西蛇文化的分析来看，我们至少可以得到这样一个启发，即任何事物都有其两面性乃至多面性的特点，也正因为如此它们才具有了丰富的内涵和多重的意义，也就具有了不能被人们简单地加以肯定或否定的前提条件。蛇在本质上说的确是凶狠而丑陋的，但不能否认，由于它具有的某些特征和功用，当它作为一种文化现象的载体时，在特殊背景下、在某些艺术表现形式中，蛇又可能以正面的形象出现或被人赋以某些另外的特征。应该说，也只有这样的认识，才符合古今中外人类社会生活的辩证法。

飞　蛇

飞蛇生活在印度尼西亚的加里曼丹岛上，它会飞的本领实际上是一种滑翔能力。当爬至大树、崖壁等高处时，它便会向下作滑翔运动，恰似飞翔一般。飞蛇滑翔时整个身体绷得笔直，如果你从远处望去，常会误以为是一根枯枝从空中冉冉落下。

②蛇的象征意义

人们常常把蛇雅称为“小龙”，以示尊崇。蛇脱下的皮叫蛇蜕，也被称为“龙衣”；民俗农历二月二是蛇结束冬眠、出洞活动的日子，也被称为“龙抬头”。这些都是把蛇比为龙。而事实上，龙也是人们在蛇的基础上添枝加叶想象附会而成的。尽管如引，蛇与龙的地位及象征意义却是有天壤之别的。也许因为龙并不真正存在，人们可以随意塑造龙的形象，而蛇是人人都见到过的，尤其是毒蛇还伤人致命，因此人们对蛇的印象就很不好。龙在中国文化中的地位崇高无比，它是权势、高贵、伟大的象征，又是幸运、吉祥、成功的标志。因此在封建王朝，龙是专用的，别人不得僭越。皇帝被称为“真龙天子”，皇帝的子孙被称为“龙子龙孙”。作为炎黄子孙，中国人又被称为龙的传人。由此可见龙的地位之高了。如果说龙是“阳春白雪”，相比之下，作为龙的原型的蛇的象征意义连“下里巴人”也算不上。

说到蛇的象征意义，人们首先想到的是它的狠毒。很多人一想到蛇立刻就有一种莫名其妙的恐惧感。曾经有一位小姐在池塘里钓鱼，忽然钓起了一条小水蛇，吓得这位小姐惊呼一声，触电似的甩下钓鱼杆，落荒而逃。其实这只是一条普通的水蛇，并不是毒蛇。那么，为什么人们会那么恐惧蛇呢？其中原因除了蛇外形怪异，主要是有关毒蛇的神话传说、寓言故事等对人们的影响。毒蛇在整个蛇的家族中只占极少数，曾被毒蛇咬伤过的人微乎其微，但关于毒蛇的故事使人们对蛇已经有了深深的先入为主的印象，

绝大多数人还没见过蛇，甚至并不知道蛇为何物时就已经对蛇有一种恐惧心理了。

在这些神话传说故事中，“农夫和蛇”的寓言深入人心，家喻户晓。故事说的是在一个严寒的冬天，一位心地善良的农夫在路上看到一条了冻僵了的蛇。农夫可怜蛇，就把它放入怀中。渐渐地蛇苏醒过来，但它不但不感恩图报，反而咬了农夫一口。他临死前说：“我可怜这忘恩负义的东西，应该受到这样的报应。”这则寓言是关于蛇狠毒的最典型的故事。蛇不仅有毒，而且忘恩负义，改不了狠毒的本性。在其他的有关蛇的传说故事中，也有很多是关于蛇兴风作浪、危害人类的内容，这无疑更加深了人们对蛇的坏印象。人们用蛇来形容人的狠毒，比如说某人“蛇蝎心肠”。在以男子为中心的社会，妇女在很多时候被认为是祸害之源，因此有“女人是毒蛇”的话。

蛇的第二个象征意义是阴险、冷漠。这大约与蛇是所谓的“冷血动物”有关，因此阴冷也被认为是

蛇的特性。再加上蛇没有声带，不能发出声音，这更加深了它阴冷的印象。那些外表美丽、内心阴险狠毒的女人被称为“美女蛇”，在某些有关侦破、间谍内容的文学作品中常有美女蛇的形象。

蛇的第三个象征意义是莫测。蛇没有脚却可以爬行，又往往来无影去无踪，极为神秘。神秘导致人们对蛇的崇拜。上古人们对蛇的危害和威胁无能为力，为了笼络蛇使蛇施恩于人，便把它当作神来敬仰和崇拜。伴随神秘而带来的则是种种禁忌。我国各地各民族都有各种关于蛇的禁忌。如忌说“蛇无脚”，害怕蛇真的长出脚来追人；忌见蛇交配、忌用手指蛇、忌看到蛇蜕皮，贵州有些地方的民谚说“见到蛇脱皮，不死也脱皮”；苗族有的地方，接新娘途中忌看到蛇从前面经过；安徽有些地方的人梦到蛇，认为这是有人暗算的预兆；很多人忌见到蛇“脚”，更忌见到“两头蛇”，认为这都是凶兆。据说战国时期的楚国孙叔敖小时候曾见过两头蛇，这本来不是好兆头，但孙叔敖为了不让其他的人再看到这条两头蛇而遭殃，就把这条蛇打死埋葬了。想不到孙叔敖因此逢凶化吉，后来成为楚国的一代名相。总之，伴随着对

蛇的神秘感的蛇禁忌是很多的，有的禁忌至今仍在流行。

蛇的第四个象征意义是狡猾。这个象征意义是“舶来品”，源于《圣经》,《圣经》中说，蛇是上帝耶和华所造的万物之中最狡猾的一种，由于它的引诱才使得在伊甸园中的夏娃和亚当偷食了智慧之果，亚当和夏娃被赶出了伊甸园，从此人类有了“原罪”。为了赎罪，人类必须敬仰上帝，经受各种苦难。蛇也受到了惩罚只能用肚子行走，终身吃土，并与人类为仇。

其实，换一个角度看，“狡猾”未尝不可以看作是机智、智慧、聪明的代名词。用“狡猾”来形容蛇的作为是不准确的。想当初，上帝创造了亚当和夏娃之后，并没有给他们智慧和能力。他们在伊甸园里赤身裸体，连起码的羞耻也没有，整天无所事事，饿了就吃树上的果子。正是因为蛇的教导才使人类的始祖摆脱了没有智慧的羞耻的愚昧状态。吃了智慧树上的果子之后，亚当和夏娃没有死，反而眼

睛明亮，有了智慧，能知羞耻，所以他们才用无花果树的叶子编成裙子遮羞。亚当和夏娃被赶出了伊甸园之后，才真正开始了人类的劳动和繁衍，才有人类的今天。如果没有蛇的教导，亚当和夏娃今天仍然在伊甸园里赤身裸体的生活。

如果比较一下古希腊神话的盗火之神普罗米修斯和《圣经》诱惑人类始祖吃智慧果的蛇，就会发现，人们对蛇的评价和印象很不公平。普罗米修斯教给了人类许多本领，可是人类没有火，众神之众的宙斯决定不给人类火种。普罗米修斯冒死盗得火种交给人类。宙斯大发雷霆，将普罗米修斯锁在高加索山的悬岩峭壁上，并让一只鹫鹰去啄食普罗米修斯的肝脏，肝脏被吃后立即又长出来，长出来后又被吃掉，鲜血将他脚下的大地都浸透了，他就这样受着无穷无尽的巨大痛苦。普罗米修斯为了人类的利益而付出巨大牺牲，因此他受到了人们极大的尊敬和赞扬，成为千古舍生取义的典范和楷模。可是，相比之下，给予人类智慧的蛇不仅受到耶和华的诅咒和惩罚，还成为人类世代的敌人。直到今天，它仍是邪恶和狡猾的代名词。后来，普罗米修斯被大力神赫拉克勒斯解救而获得了自由，但蛇所受的惩罚什么时候能够结束呢？

蛇图腾

(1)蛇图腾崇拜的起源

蛇是很有诱惑力的动物。尽管在山上、树林里、田野中，甚至于在水里，都能看到它们，但不论在哪里，只要有蛇出现，就会吸引着一大群人，老的小的都会围上来看，尤其是小孩子们，更是兴奋万分。而且，不仅喜欢蛇的人要饱览一番，怕蛇的人也常常带着恐惧的心情远远地瞧着它。可见，在人们心目中，对蛇虽有几分害怕，但也觉得其有些神秘之感。

翻开生物进化的历史，蛇在地球上的出现，比人要早得多。30多亿年以前，地面上开始有了最原始的生物。经过长期的进化，生物种类从简单到复杂、从低级到高级、从水生到陆生，到了距今大约3.4亿年前后，出现了真正的陆生脊椎动物，也就是爬行动物。随着时间的推移，这类动物越来越多，种类和数量都达到了最高峰，水里及地面都有它们在活动着。特别是恐龙，非常繁盛，什么角龙、鸭嘴龙、剑龙、霸王龙、形形色色，到处都是。这是爬行动物的黄金时代。在这个时期，兽类和鸟类的祖先也先后从爬行动物的原始种类中演变出来，鱼、鳖、鳄、蜥蜴的老祖宗也诞生了。蛇和蜥蜴的亲缘关系最为密切，它们是近亲，

蛇是从蜥蜴变来的。在蜥蜴的原始种类里面，有一部分在漫长的进化过程中，适应了新的环境，四肢逐渐退化，形成了一些新的特征，变成了蛇；另有一部分虽然四肢没有了，但由于没有具备蛇的特点，到现在仍然是蜥蜴。例如贵州产的脆蛇蜥和细蛇蜥，就是这一类没有足的蜥蜴。所以，蛇是爬行动物中最年轻的一个分支，也是最后登上生命舞台的适应性很强的爬行动物。

最早的蛇类化石发现在地层里，离现在大约有1.3亿年。实际上，蛇的出现比这还要早些。据推测，在距今1.5亿年前的侏罗纪，大概就已经有蛇了。毒蛇的出现要晚得多，它是从无毒蛇进化而成的，出现的时间不会早于2700年。如果地球的历史像一部放映2小时的电影，那么要到末了5分钟，银幕上才出现蛇，最后1分钟才能看到毒蛇。

可以推测，人类的祖先古猿还在树上生活的时候，是有机会遇到树栖的蛇的。后来森林逐渐稀疏衰落，古猿被迫下地，遇到蛇或接触蛇的机会就更多了。原始人类在与各种动物的斗争中，必然也会碰到蛇这个重要的对手。他们捕捉蛇作为食物，或者被蛇咬而发生伤亡。后一情况，在《韩非子》五蠹篇中就有所记述，认为“上古之世，人民少而禽兽众，人民不胜禽兽虫蛇”。在中国猿人化石的产地，曾经发现过蛇的遗骸，这也表明当时

猿人与蛇有着密切的关系。这种生活和生产斗争的实践，势必会在原始人类的头脑中留下深刻的印象，很可能由此产生对蛇的畏惧和崇敬的心情。

到了原始人类从古人进化为新人的时期，原始人类便脱离了原始群居的乱婚状态，进入血族群婚的阶段，这就产生了初期的母系氏族社会。氏族是人类最早的、也是流行最广的组织，是原始社会产生的基本单位，无论是在亚洲、欧洲，还是在美洲、澳洲，其古代社会几乎都曾有过这种制度。氏族在其形成的过程中，往往采用一种和它最有利害关系的自然物作为本氏族的名称或标志，这就是图腾。图腾观念的产生，往往和生产方式有着一定的联系。例如美洲海湾部落中的契卡萨人，以渔猎为生，就有野猪氏族、鸟氏族、鱼氏族及鹿氏族；摩基人部落中，有以农业为生的，就有烟草氏族和芦苇氏族。图腾不仅是氏族的徽号，也包含着原始宗教的内容。氏族成员甚至认为他们的祖先就是从图腾的那种自然物变来的，因而把这种自然物看作是保护本氏族的神灵，是神圣不可侵犯的，这就形成了图腾崇拜。图腾起着维护氏族内部团结统一的作用。在新墨西哥的鄂吉布瓦部落，其鹤氏族的成员声称他们就是鹤的子孙，是大神把他们的老祖宗由鹤变成了人的。在某些部落中，氏族成员坚决不吃作为本氏族图腾的那种动物，之所以如此，显然也是受到图腾崇拜观念的影响。

在原始部落中，以蛇作为图腾

的氏族也很普遍。据摩尔根《古代社会》中的记载，在美洲印第安人里面，就有9个部落中有蛇氏族，有的甚至以响尾蛇作为氏族的图腾。在澳洲的一些原始部落中也是这样，特别是华伦姆格人，还要举行一种蛇图腾崇拜的仪式。参加这种仪式的人，用各种颜料涂抹全身，打扮成蛇的样子，模仿蛇的活动姿态扭动身体，且歌且舞，歌唱蛇的历史和威力，以祈求蛇神赐福保佑。可以说，在一切动物崇拜里面，对蛇的崇拜是最广泛的。在大多数原始氏族的宗教信仰中，蛇曾经占据一个突出的地位。

图腾崇拜在我国原始社会中也同样存在。在马家窑文化的彩陶上就发现有蛙、鸟的图像；在仰韶文化的陶器上还有蛇的图像；从半坡村出土的陶器上，也看到有人头、鸟兽的图像，这些图像有些可能就是当时的氏族图腾。有趣的是，传说中的汉族祖先，亦有不少是蛇的化身。据《列子》中记载："庖牺氏、女娲氏、神龙（农）氏、夏后氏，蛇身人面，牛首虎鼻"。《山海经》里有"共工氏蛇身朱发"之说。在伏羲部落中有飞龙氏、潜龙氏、居龙氏、降龙氏、土龙氏、水龙氏、赤龙氏、青龙氏、白龙氏、黑龙氏、

黄龙氏等11个氏族，它们可能就是以各种蛇为其图腾的氏族。我国传说中的龙，恐怕就是蛇的神化，例如古代居住于东方的夷族，他们的一个著名酋长叫做太皞。据说他是人头蛇身，又说是龙身。

原始社会解体以后，图腾制也随之逐渐消失，但图腾崇拜的影响是很深远的，尤其是崇拜蛇的风俗在许多民族中仍旧相当普遍。马达加斯加岛上的土著萨克拉瓦族，把蛇看作是具有神秘力量的动物，认为人是蛇的化身，对蛇非常崇敬。在阿尔及利亚，水蛇被奉为家的保护者，往往被供养起来。非洲的土著直到现在，在他们的盾上还画着蛇的图形，相信它有特殊的魔力。台湾的少数民族派花族在刀鞘上、食具上都刻上蛇的花纹，他们对一种叫做“龟壳花蛇”的毒蛇极其崇敬，不敢杀害，甚至在房子里另辟小室给它居住，小室内外的装饰及用具都雕刻了蛇样花纹。北美土著爱斯基摩人，有在身上黥刻蛇形斑纹的习惯。非洲有些土著用蛇皮镶在盾上，以为这样就会得到蛇的神力保护。我国十二生肖中有蛇和其他一些动物，这也可能与图腾崇拜有关。崇拜蛇图腾的残余观念，也通过各种各样的故事反映出来。这一类的故事是很多的，最早见之于文字的，恐怕要算《圣经》创世纪中关于亚当、夏娃和蛇的故事了，这是公元前5世纪左右的记载。比这稍晚的是《伊索寓言》中农夫和冻僵的蛇的故事。在我国有关蛇的故事中，流传得最广的是以白蛇（白娘子）和许仙为主角的《白蛇传》，在宋代就已经口头传述，到了明代嘉靖年间被用文字记录了下来。此外，比较动人的还有北美印第安人中战士变蛇的故事、蛇创造岛屿的故事；在西班牙有蛇精的故事；在苏联有巨蛇波洛兹的故事；我国苗族中有蛇郎和阿宜的故事等等。这些故事不仅反映了人类和蛇的关系密切，而且通过这些故事，还可以看到蛇图腾崇拜的深刻影响。

碎　蛇

在湖北省利川市谋道区境内，自古以来就生存着一种罕见的神奇小蛇——“碎蛇”。“碎蛇”长约40厘米，秤杆般粗细，外貌与鳝鱼相仿，当地人又称之为“干黄鳝”。而“碎蛇”这个名字，则是根据它的身子容易碎断而命名的。“碎蛇”的身体特别脆嫩，如果从树上或高处落下，马上便会被“五马分尸”，断成数截，并且会被弹出老远。然而，人们怎么也不相信“散架”后的蛇身竟然会有“破镜重圆”的回天之术，能在10分钟后奇迹般地重新组合，连接起来，照常行走、生存。“碎蛇”无毒，也不愿咬人，即使咬了人，也不会红肿。因此，大人小孩都不怕它，而且还敢徒手擒拿它。

因及其与蛇神信仰的关系：古代神话形象的发展，一般都经历过一个兽形→半兽半人形→人形的阶段。这类蛇神的出现，应是在兽形神到半兽半人形神的发展过程中。那时，初民生存于险恶的自然条件中，蛇是他们凶恶的敌人。蛇凶残狡猾，它没有四肢，却能飞快地爬行，身上鳞片组成的花纹能在阳光下闪闪发光，却又冷又滑，极难逮住制服。这一切都给人以不可理解的怪异印象。于是，蛇在先民的心目中逐渐被神化。他们把自己称为蛇的后代，想

（2）中国人的蛇信仰

中国人的蛇信仰应是原始时代的蛇图腾崇拜的遗存，蛇神的最初表现形式，是古代神话中人首蛇身的神或能变化为蛇形的神，汉代石刻画像中的女娲、伏羲，《山海经》里的共工、轩辕等，均属此类。学者程蔷具体描述了蛇图腾的产生原

借此求得蛇的保护。

随着这种蛇图腾崇拜的形成与发展，初民给不少神性形象安上了蛇形或蛇与人相结合的外貌。众多的蛇神就这样在神话中出现了。但是也有人认为，蛇图腾及蛇信仰的产生，并非因为初民无法抵御蛇害，这才采取媚神方法冒认祖先，予以供奉祀拜，而是由于在初民的宇宙和生命观中，蛇向来就居于崇高无上的地位。如余麟年说：古人认为世界上一切的动物都是虫，人也不例外。《大戴礼记·曾子天园》：“毛虫之精者曰麟，羽虫之精者曰凤，介虫之精者曰龟，鳞虫之精者曰龙，倮虫之精者曰圣人。”而甲骨文中的虫字，是一条昂首屈身的蛇，已经透露出初民认为世上一切动物都是蛇种的信息。华夏民族崇拜龙，龙正是以蛇为原型想像出来的灵物，此乃中华民族的主要图腾。

民间传说中，从开天辟地的盘古到人类始祖女娲、伏羲、轩辕黄帝，均“人首蛇身”；尧母庆都与赤蛇合婚生尧；夏为龙族；夏后氏蛇身人首……至今民间还保留着的一

些对蛇的信仰与崇拜的风俗，这些都可证明先民把蛇当作了自己的祖灵。建房破土动工时念颂的《建宅文》里也提到过蛇，文中说：房屋建成后要举行以示迎接祖先进入新居的镇宅仪式，要用香从老屋把祖宗和蛇引进新居坐位，以祈“宅富人兴，永安千载”。缪亚奇也指出，从现存的祭祀活动及崇蛇习俗看，蛇原是谷神、祖先神，表明龙图腾源于蛇图腾的实质。另一种意见认为，从早期的蛇神传说看，它们都有一个明显的特征，就是与原始先民最为恐惧的洪水有密不可分的关系，既有像共工这类制造水患的凶神，也有像大禹这类治理水患的正神，还有像伏羲、女娲这类经过洪水后繁衍后代的人类始祖神，由此可知蛇信仰的原始意义实质上是对自然力的崇拜。这种意义在神话时代以后的崇蛇习俗中，继续得到显示，而且多归结到蛇即水神这一点上。如明清时江南人奉祀的“蛇王施相公”，相传是宋代一位姓施的书生，他在山间拾到一枚蛇卵，孵出蛇后，为其护身。后来施被冤杀，此蛇为他索命，朝廷被迫封施相公为“护国

镇海侯”，用硕大的馒头供奉他，那条蛇遂盘在馒头上死去。从此，施相公被江南人尊为水神。相似的故事，在郦道元《水经注》里也有：“人有行于途者，见一小蛇，疑其有灵，持而养之，名曰担生。长而吞噬人，里中患之，遂捕系狱。担生负而奔，邑沦为湖。”从这段蛇能陷邑为湖的传奇中，人们不难看到“共工振滔洪水，以薄空桑”（《淮南子·本经篇》）的远古神话的历史影子。所以，水神祭祀作为自然崇拜的遗迹，既反映人类的原始信仰，又成为自然崇拜意识延续的载体，而“无论在神话、仙话和民间传说，还是水祭中，水神的实质是龙，但这龙并非佛教的龙，而是江南民间观念的龙，即古代的蛇，亦即“抽象化的水中灵魂”。还有一种意见

认为，蛇信仰的源头是初民的男根崇拜，它的发生可以追溯至中国母系氏族社会的中晚期，如大汶口文化时期。据说大汶口文化时期有蛇形纹饰，江南地区印纹陶上据说也有蛇纹，它们都有象征男根的涵义。据《路史·后纪一》注引《宝椟记》:“帝女游于华胥之渊，感蛇而孕，十三年生庖牺。”所谓感蛇而孕，是谓与某男子交媾而孕。蛇在这里由象征男根发展出象征男性的意义。台湾高山族的溯源神话云：“昔有二灵蛇，所产之卵中生出人类”，此即源于以蛇为象征的男根崇拜。从母系氏族社会晚期起，随着对男根崇拜的日益炽盛，男根渐被神化，由此也导致了男根象征物的神化，因此主要以蛇为男根象征的氏族便将蛇的形象神化了。英国学者丹尼斯？赵亦认为，蛇被崇拜与其形状像男性生殖器有关；人首

蛇身的伏羲和女娲之所以被崇拜，不是因为他们是人类之祖，而是因为他们象征性地代表了人类通过婚姻而不断繁衍的意义，这一点非常重要。

（3）蛇图腾与闽南人

①蛇图腾与“闽”字

存在于大量中国古代典籍中的“闽”文化源远流长。我国第一部字典东汉许慎的《说文解字》曰:“闽，东南越，蛇种。”谈到“闽”字，不可不提到闽越的种族信仰——蛇图腾，“闽”字与蛇图腾的联系深刻而密切。

“闽”，是伴随着蛇图腾为标志的种族信仰而诞生的越系民族，其早在战国时代就具有了国家的早期形态。自秦汉以后，闽越族消亡，“闽”便由民族代称转化为福建地区名称或省称。唐末五代王闽政权的建立是福建早期历史发展的一个重要阶段，自此以后，福建彻底摆脱了自闽越以来被视为“化外之地”“蛇蟒之种”的形象。然而，在闽越信仰中真正形成长期而深远影响的，莫过于闽越的种族信仰——蛇图腾。

第一，“闽”字由来

我国第一部字典即东汉许慎的

《说文解字·虫部》是这样解释“闽”的：“闽，东南越，蛇种，从虫门声，武巾切。”

现代《汉语大字典》：“闽，①古代少数民族名，越族的一支。

居住在今福建省和浙江省南部一带地方，因以为地名。②古国名，五代十国之一。唐末，王潮在今福建省之地，任武威将军节度使，后其弟审知在公元909年被后梁封为闽王。933年审知次子延钧自称帝，国号闽，建都长乐。③福建省简称。④通‘蟁’，蚊。⑤姓。《万姓同谱·真韵》：‘闽，越王无彊为楚所灭，子孙散居闽地，因氏焉。’”

从文献记载上看，福建古代被称为“闽”，或“闽越”，“闽”的历史至少可以追溯到周代的“七闽”。

据先秦典籍《周礼·夏官·职方氏》载：“掌天下之图，以掌天下之地，辨其邦国、都鄙：四夷，八蛮，七闽，九貉，五戎，六狄之人民。”孙诒让正义曰：“闽，即今福建，在周为南蛮之别也。”闽与蛮、夷、戎、狄、貉诸族并称，系指先秦中原华夏族以外的我国其他少数民族。“七闽”，即闽。“七”是量词，在先秦典籍中，族称前加上七、八、四、五、六、

九等一类量词不表示实数，而是指虚数，仅代表多数的意思。今称“八闽”者，亦同。《史记·东越列传》载：“闽越王无诸”,“秦已并天下,皆废为君长，以其地为闽中郡。”秦汉之后，“闽”开始由族称转化为地域名称。而许慎《说文解字》:“闽，东南越，蛇种。”“闽”属虫部，“虫”在《说文》中解释为：“一曰蝮，博三寸，首大如擘。”王筠《说文句读》案:“蝮，大蛇也。”可见，闽在先秦时期是越族的一支——“东南越”,或称“闽越”，是以蛇图腾为崇拜对象，并把蛇图腾作为本氏族或部落的名称和标志的。其深刻的含义已在“闽”字上表达得淋漓尽致了。据史载，汉高祖五年（前 202 年）闽越国始受西汉中央王朝正式封立，闽越族逐渐消亡，“闽”成为福建的地望省称。但是，其原始民族的图腾崇拜已渗透到社会生活的各个方面，以至现今福建信仰形态中仍有先民蛇信仰的延续与残留。

第二，“闽”与蛇

A. 蛇图腾缘起

从女娲伏羲生人图中可以得出蛇曾经是中华民族共同的原始图腾，只是后来在中原地区蛇图腾逐渐转化成为龙图腾，而在闽越地区蛇图腾却一直延续并保留至今。闽越族的蛇信仰之所以能得以产生并经过中原文化的长期冲击而不断延续，其深层原因就在于它所依托的长期潜在条件——特殊的地理环境及其滋生的蛇患。《汉书·严助传》载：“（闽越）处溪谷之间，篁竹之中，习于水斗……夹以深林丛竹，水道上下击石，林中多蝮蛇猛兽，夏月暑时，呕泄霍乱之病相随属也。”“南方暑湿，近夏瘴热，暴露水居，蝮蛇蠹生，疾病多作。”闽地特殊的自然地理环境成为蛇类繁衍生息的乐土。据调查，至今福建仍有蛇类多达 79 种，毒蛇占 27 种。而目前全国已知毒蛇有 47 种，福建占 60％。这些毒蛇栖息于水滨林间，一遇人畜即行攻击，福建各地居民历来对它们都是十分畏惧的。因此，蛇患的长期存在成为福建蛇信仰绵延不断的基本前提，蛇几乎成了古闽地的象征。据考古发掘报道，目前出土的新石器时期闽南地区的印纹硬陶器、摩崖岩画以及崇安县闽越瓦当蛇纹样、封泥上类似蛇形的文字疑为“蛇”字等等，这些都意味着蛇

图腾在古老的闽越地区有其深远的历史。

B. 表现

《国语·吴语》载吴王阖闾“欲并大越，越在东南，故立蛇门。”蛇是古代越族的象征。《汉书·高帝纪》有载闽越王无诸世奉故越国宗庙祭祀及社稷。可见，闽越国作为古越族的一支，其形象始终离不开蛇，甚至将自己当成蛇的后裔，视蛇为祖先神明，建庙祭祀供奉。所以，众多的记载反映了祭蛇、祀蛇、崇蛇诸俗。《汉书·地理志·下》载：“文身断发，以避蛟龙之害。”蛟龙，即龙蛇一类。颜师古注引应劭曰：“（越人）常在水中，故断其发，文其身，以象龙子，故不伤害也。”把自己打扮得“以象龙子”，正是闽越人

蛇崇拜在纹身习俗上的真实反映。众所周知，台湾高山族的先民主要来自大陆的古越族尤其是闽越，他们至今还保留着纹样为蛇纹的纹身习俗，这也是闽越蛇图腾绵

延的一个有力例证。东晋干宝《搜神记》里记载的“李寄斩蛇”故事则是中原文化与闽地本土文化融合进程中的一个生动反映。唐人魏王泰《括地志》载福建邵武有以“童女”“祭送蛇穴”之俗。清人施鸿保的《闽杂记》卷九《蛇簪》里亦记叙了闽地妇女独特的发饰：“福州农妇多带银簪，长五寸许，作蛇昂首之状，插于髻中间，俗名蛇簪。或云：许叔重《说文》：‘闽，大蛇也，其人多蛇种。’（与《说文》十三上虫部有出入）簪作蛇形，乃不忘其始之义。”同文卷十二亦有蛇王庙记载。在民间，广泛流传着“蛇郎君”的故事，福建南平县樟湖镇每年农

历七月定期举行蛇王节活动，前些年闽侯县上街乡后山村取消播放因触犯当地禁忌的电影《白蛇传》等事更说明，2000 多年前闽越人的蛇图腾崇拜至今可见一斑。

所以，“闽越”，作为一个消亡了的古代民族，具有它悠久的历史，其创造的物质文化和精神文化丰富了我国民族文化的内容。

第三，关于“闽”字的某些看法

从文字解释上，《说文解字》释“闽”为“东南越，蛇种。”简明扼要地为“闽”作出定义：“(闽)地理方位在东南，民族属于越族，信仰是以蛇为祖先的原始崇拜。”然清人施鸿保则在其《闽杂记·卷二·闽字义》对此解释作出疑义：“四川本周蜀地。蜀，<说文>云：‘葵中蚕’，何不云其人皆蚕种乎？王充<论衡>：‘蚤，虱，闽，虻皆食之。’闽即蚊字，音近异书也。如<说文>说，则闽人又将为蚊种矣，岂不可笑……闽在秦以前，未通中国，不知其人所自始，故以虫名名之，盖亦犹之南方曰蛮之义而已。”后者似乎有牵强调侃之词。闽，通“蚊”字，施氏

已在文中明确指出是音近形异，用于通假，与“蚊”无根本内在联系。所以，施氏的异议不可立言。

《说文解字·虫部》十三上训释“虫”为：“虫，一曰蝮，博三寸，首大如擘指像其卧形。物之微细或行，或毛，或蠃或介，或鳞，以虫为象，凡虫之属皆从虫。”蝮，即毒蛇的一种。可见“闽”中之“虫”非昆虫、蠕虫之“虫”，而是蝮蛇，广义上是所有蛇的代称。较之现在，我们说“虫”一般指昆虫、蠕虫，随着时间的演进，词义范围缩小了。《大戴礼记·易本命》曰：“有羽虫三百六十，而凤凰为之长；有毛之虫三百六十，而麒麟为之长；有甲虫三百六十，而神龟为之长……倮虫三百六十，而圣人为之长。”在中国古代，虫是动物的通名，把动物包括在内，所以人们称老虎为大虫，马称聋虫，鹰称刚虫，鱼称隐虫，蛇称长虫，鼠称老虫等等。而“七闽”或“闽越”即“闽”从有史以来便是供奉蛇的氏族，因此，“闽”字中的“虫”当作蛇解。正如钱钟书说的那样：“‘闽’从‘虫’，与蛮从‘虫’，狄从‘犬’，貉从‘豸’”“‘皆因汉人妄自尊大，视异域之民若畜兽虫豸，则异域之言，亦如禽虫之呼叫，人聆而莫解。’”

所以，许慎《说文解字》关于“闽”为“蛇种”的解释因其时代局限性不乏有不合理、不恰当之处，但当时许慎的本意应是引闽越族人的蛇图腾信仰来进一步解释“闽，东南越。”以突出其特征的，即“蛇族”的意思。《太平御览》卷一七〇“州郡郊”载：“闽州越地，即古东瓯，今建州亦其地，皆蛇种。”也明白无误地直指“闽”这个“东南越”，或“闽州越地，即古东瓯”，是崇拜蛇图腾的。足见“闽”与蛇图腾拥有深长的文化渊源关系。

综上所述，“闽”，由古代东南越族族称代表，随着中华文明的融合发展，不断丰富着它本来的含义。然究其源流，“闽”与蛇图腾的联系深刻而密切，透过它我们可以与远古的先民对话，进一步了解中国古代社会文化的一隅。

棒棒蛇

位于鄂西边陲的湖北省利川市，四处奇峰突起，气势磅礴。就在那些深山峡谷的灌木丛中，发现一种世间稀有的“棒棒蛇”。“棒棒蛇”长约80厘米，酒杯粗细，头尾相似，皮黑褐色，随时竖立，就像立着的干枯树桩，当地人称它为“棒棒蛇”。“棒棒蛇”行走奇特，它不贴于地面，而是像石头滚下坡似的“倒筋斗”。而且只要将身体对折，再猛一伸展就可腾空跳到对面山上，因此当地人又叫它“飞标蛇”“火箭蛇”。由于这种蛇凶猛、奇特，无人敢去捕杀或观察它。至于它为什么能竖立，能飞，生活习性如何，甚至眼、耳、鼻、嘴长在什么位置，这些都是一个待解的谜。

②蛇图腾与福建人

蛇也是福建人的图腾。福建简称是“闽”，就是福建省版图内的一条长虫之意。闽人的蛇崇拜仪式保存得最完整的，就在闽北闽江边上的福建南平市延平区樟湖镇，这里有一座千年古镇——樟湖镇。

樟湖镇至今保留着原始古朴的民间文化活动——祭蛇，以及建于明代的“蛇王庙”。这里每年都要举行一次规模盛大的游蛇节。节前，当地百姓便四处觅捕一种叫“乌梢”的无毒蛇，然后集放在“蛇王庙”的桶、瓮里。等到集中游蛇时，不论大人小孩都手抓一条或几条蛇，用湿毛巾缠着蛇颈，有的拿在手中作耍，有的斜搭在肩上，有的缠绕在自己颈脖或腰间。在平时，樟湖人以蛇作为他们崇拜的图腾，因而他们不但不能打蛇，忌食蛇肉，而且遇到蛇时还要主动为其让路。

漳州平和县文峰镇三平村至今还流传着古老的崇蛇习俗。三平村一带生长着一种黑色无毒蛇，大的

长1米余，小的仅1尺多长。当地人把蛇当做保佑家居平安的神物，尊称其为“侍者公”。他们认为家里有蛇是吉利的象征，越多越吉利，因此蛇历来受保护。人不怕蛇，蛇不怕人，人蛇共处，习以为常。有时蛇会钻进被窝，蜷曲在主人的脚旁，若夜间行路不小心踩到蛇尾，被蛇咬上一口，也一笑了之，决不报复。有蛇穿堂入室，主人亦会高兴地夸耀说：“侍者公到咱家巡平安了。”这种崇蛇习俗的由来，说法不一。

一说1000多年前，这里的深山密林中，常有蛇妖出现，危害群众。到了唐代会昌五年（公元845年），僧人杨义中用法力制服了蛇妖，从此蛇妖改邪归正，成为义中和尚的随从侍者。另一种说法是，福建古代居住的闽越族，是以蛇为图腾加以崇拜的，三平村崇蛇是一种上古遗风。无论那种说法更加妥当，两者都带有相当神秘的色彩，成为人们尊重蛇的一种美丽的传说。

③话说蛇王节

第一，福建南平的"蛇王节"

福建属古百越文化圈，简称闽。许慎《说文解字》:"闽，东南越，蛇种。"说明古代闽越族以蛇为图腾，把自己的祖先同蛇联系在一起。至今南平地区流行有《蛇滩》《石蛇》等故事。南平县樟湖镇定期举行蛇王节活动。镇中的蛇王庙是活动中心。庙内有三尊蛇神像——蛇王三兄弟。当地人称为连公爷。三兄弟身穿红袍，双脚踩着怪兽。他们的双眼一为仰视、一为俯视、一为平视。寓有洞察人间、驱祟造福之意。

关于蛇王爷的来历，当地有一种传说。蛇王姓连，原是一条大蟒蛇。经过修炼得道于古田的再见岭，荫庇一方。某年樟湖地区发生可怕的大霍乱，死了很多乡民，后来派人祈求蛇王。次日突然一条大蟒蛇出现于樟湖天空，口吐焰火，驱除了瘟疫。乡民得救，后立庙奉为菩萨。从此香火不断，并于每年农历7月7日举行蛇王节，以为纪念，程序是:

捕蛇：农历6月，人们四出乡野捕蛇，大小轻重不论，有毒无毒都在捕获之列。乡民把捕来的蛇都敬献到蛇王庙，放到庙正中的黑色大瓮里，由专人精心饲养。人们相信，谁捕获得最多，谁就对蛇王菩萨最心诚，也就会降福于自己。

坐轿：7月7日晨，蛇王庙前已点燃起两支玫瑰色的大香，高2米，各重25公斤。乡民齐集庙前敬神，并抬来一座特制的轿，称为“神轿”或“龙亭”。轿四周用细铅丝编扎的网，罩住轿中设置的一个木制的大圆盆。

出巡：7时许，蛇王菩萨巡行开始，炮铳三声，锣鼓齐鸣。队伍鱼贯而出，队列由大锣开道。旗队紧随其后。写有“行雷”“连公”“肃静”“回避”的木牌并列在前，引领神轿。后随各乡乡民，每人出发前，从大黑瓮中取出一蛇，或绕脖颈或围腰间，或缠手臂，连儿童也不例外，俨然一队长蛇阵。沿街各户人

家，手持香火燃鞭相迎。并与队列中人交换三支香火，名曰“分香”，以显示对蛇王菩萨沿街驱疫、降福闾里的共同敬仰。

归位：蛇王菩萨出巡完毕，在震耳欲聋的鞭炮声中，被乡民恭请回庙。

放生：入夜，乡民纷纷从庙中大瓮中取出蛇蟒，成群结队拥到闽江岸边，以虔诚的心情将蛇放入江中，使其返回大自然。

蛇王节的傩俗活动，既反映了古人对动物（蛇）图腾的崇拜，也显露出人类与动物（蛇）之间建立和谐、友好关系的朴素愿望，以及对自然生态环境，包括对生物物种链条免遭破坏的关怀。

蛇类的死对头会是谁

人们常把獴称为捕蛇能手。这种动物身体细长，头小，嘴巴尖，四肢短小，有点像黄鼠狼。它们与蛇是天生的冤家对头，一旦狭路相逢，总要拼个你死我活。即便是人工饲养长大，从未见过蛇的獴，见到了塑料做成的假蛇时，也会猛扑过去，一口咬住蛇的脖子。

夏天，在云南西双版纳的密林中，一只体毛浓密的印度獴，在草丛中发现了可怕的眼镜蛇。印度獴出于捕蛇天性，飞快地冲了上去。眼镜蛇面对生死大敌，不敢怠慢，立即竖起上身，处于一级戒备状态。

獴围着对手不断地绕圈子，因为眼镜蛇是十分厉害的，如果不能一口咬住蛇的脖颈，自己就可能反遭其害。在最初的 15 分钟，精力充沛的眼镜蛇占了上风，獴只顾躲避，根本没有还击余地。为了对付眼镜蛇的凶猛进攻，檬蓬起周身的毛，整个身躯看上去好像比平时大了一倍。这一招很管用：在激烈搏斗中万一有个疏忽，被眼镜蛇咬中的也

只是一撮毛而已。眼镜蛇探出身子，一次又一次去咬对方，然后再迅速收回。这样经过多次反复后，眼镜蛇已疲惫不堪，进攻的节奏逐渐缓慢下来。这是因为眼镜蛇属于爬行动物，在血液循环上要比哺乳动物獴差一些，体力上不如印度獴。印度獴反击的时刻到了，它窜上去一口咬住眼镜蛇的颈部，死死不放，双方立即扭成一团。没过多久，被利齿紧紧咬住的眼镜蛇，最终丧失了抵抗力，成了獴的腹中之物。

据有的动物学家观察，有时獴与眼镜蛇作性命相搏的决斗是被迫的。斯里兰卡生物学家普·杰拉尼雅加拉曾做过专门实验。他将一只獴和一条眼镜蛇一起锁在铁笼里。只见眼镜蛇上身耸起，有半米高，要比獴高出两倍，虎视眈眈地打算居高临下，给獴以迅雷不及掩耳的打击。对于眼镜蛇的挑衅，獴根本不予理睬，只是千方百计地企图钻出铁笼。直到獴确信脱离囚笼的希望已成了泡影，它才发出一声短而急促的叫声，尾巴神经质地颤动着，狂怒地转向毒蛇。双方对峙了一秒钟。正当蛇把嘴稍微张开，并将头向后仰，准备发动进攻时，獴闪电般地窜起，用牙齿一下子咬住了蛇的颈部，并用四只脚爪抓住蛇的身体。一对劲敌在地上扑腾翻滚着：獴时

而压在蛇身上，时而被蛇卷倒在地。整个战斗持续了约50分钟，最后獴大获全胜。

在与蛇的搏斗中，獴并不总是常胜将军。也许在对付眼镜蛇时，獴有一套独特的绝招：獴自身行动敏捷，不易受对方攻击；而眼镜蛇又比其他蛇行动迟缓呆笨，再加上毒牙较短，嘴巴只能张开45度，不像有的毒蛇能张开180度，这些致命弱点使它在与獴搏斗时屡遭败绩。可是獴若遇到印度群岛上的另两种毒蛇——枪头蛇和巴西蝮蛇，情况就会截然不同。它们对獴发起的进攻既快又猛，如果獴知难而退，还能留得一条性命；假如獴不自量力，用老一套方法对付这两种毒蛇，那么它就会落得个可悲的下场。不仅如此，如果遇到了身体较大的眼镜蛇，獴也不能保持不败纪录。

自然界中的捕蛇能手是并不少见的，比如黄鼠狼和猫，它们的捕蛇技艺完全可以与獴相媲美。黄鼠狼在与蛇搏斗时非常勇猛；猫则是蝮蛇的克星，它常用前爪按住蛇头，蛇剧烈挣扎时放开一下，过会儿再按，直到蛇呜呼哀哉时才善罢甘休。野猪对五步蛇特别感兴趣，即使是又粗又大的五步蛇，它嚼起来也如同吃面条一般。有时五步蛇也会反扑过来，无奈野猪的鬃毛硬而长，很难咬进身体内。全身短刺的刺猬，也是蝰蛇的冤家对头。刺猬的体力自然不如野猪，斗蛇时它总是悄悄地观察动静，乘蛇不留意时突然冲上去咬一口。蝰蛇怒气冲冲地要反击，它马上缩成一团，竖起背面的刺，使对方望而生畏。待到蝰蛇企图退却时，刺猬又扑上去啮咬。经过几个回合，它便可将蝰蛇咬得体无完肤。

蛇与民俗、禁忌

（1）民俗

世界各地有许多敬蛇、崇蛇或畏蛇的风俗。意大利的酋洛市堪称蛇城，几乎家家户户都养蛇，每逢蛇节都要将蛇放出，如果蛇能够回到家，则预示一年之中会有好福气。美洲远古神话中的主神即羽毛蛇神，据说它是一只神鸟，世界上只有它知道在远古时代所发生的一切，只有它能预卜未来将要发生的一切。有趣的是，美洲神话中，蛇曾把黑夜偷走，结果地球上每天24小时全在太阳的照射下，人和其他动物都叫苦连天；后来人们用涂在箭头上的毒药向蛇王苏古鲁古换回来了黑夜，从此蛇便有了毒牙。在非洲黑人部落里，蛇被当作雨神，或者被敬为先祖；当蛇爬到家里，认为是祖宗的灵魂来看望子孙，要敬若上宾；若蛇爬到女人的床下，则被认为是女人将生贵子的吉兆。

印度尼西亚有许多蛇庙，活蛇被当作活神受到人们的供奉，马来西亚亦有蛇庙，据说当初是一位德高望重的中国和尚建的，后来周围的群蛇以此为乐园，由于它们安份守己，终于形成了蛇与游人和平共处的局面。印度各地都有蛇节，日期并不统一，

大约在7月到9月之间，届时人们要在墙上画出蛇的形象，并在蛇像前摆放供品；一些以驯蛇为生的人则带着活的眼镜蛇接受人们的膜拜，同时得到一些赏赐；蛇节的活动在农村更为热闹，节前妇女要禁食并祈祷，男人则去捉活蛇，节日那天，全村人高举彩旗、敲锣打鼓，浩浩荡荡将蛇送到湿婆神像前，摆上供品，然后用鲜花轻拂蛇头，将香粉撒到蛇身上，最后仍将蛇送回田野里任其爬行。

巴基斯坦民间故事认为，一条蛇如果100年未被人看见，头上就长冠，成为蛇王；如果200年不被人看见，就会变成龙；300年不被人看见，就可以变成美女，即美女蛇。关于蛇能变成美女的故事广泛流传于世界各地。在西方美女蛇故事中，蛇女是邪恶的象征，是神秘力量的

代表，很少令人产生好感。希腊神话中的蛇发女妖美杜莎，她有一双可以把看到的东西变成石头的怪眼，她的头发是一堆缠绕的毒蛇。事实上，希腊神话中的半人半蛇家族很少有正面形象，例如九头水蛇许德拉，身躯庞大，凶猛可怕，经常爬上岸，蹂躏田野，撕裂牲畜的肢体。人面蛇身的拉弥亚，弄死自己的子女后又去残害别人的孩子。

在我国也有许多与蛇有关的民俗。宋代有钉面蛇的节日风俗，流行于今河南开封地区。每年农历正月初一，人们便用面粉做成蛇形，与炒熟的黑豆和煮熟的鸡蛋，在四更时，让三个姓氏不同的人掘地埋入，并逐件以铁钉各钉三下。咒曰："蛇行则病行，黑豆生则病行，鸡子生则病行。"咒毕，把蛇全部掩埋在地下。民间以为能镇邪防病，故称钉面蛇。

我国古代许多地方都建过蛇王庙，例如苏州的蛇王庙，塑有蛇将军，相传 4 月 12 日是蛇王生日，进香人络绎不绝，据说将讨来的符箓贴在窗户上可避蛇害，似乎是出于畏蛇心理。另外一种说法是，最初的进香者，大抵都是以捕蛙为生的人，由于捕娃是从蛇嘴中夺食，所以要请蛇王原谅。

我国江南一带至今还保留着许多崇蛇习俗。人们将蛇分为野蛇和家蛇两种，并禁忌对家蛇直呼其名，代称之为蛮家、苍龙、天龙、狐仙、大仙、祖宗蛇、家龙、老溜等等。民间认为家中有家蛇是吉利的，绝对不可打杀，据说家蛇能够将富人家的米运到穷人家，这种米称为蛇富米或蛇盘米。还有的人相信家蛇守在米囤边，米囤内的米就会自动满出来而取之不尽；但要由专人取米。群众认为老鼠最怕蛇，见了蛇便会发出恐惧的叫声，并相信听到这种"老鼠数钱"的声音，预兆着财运到来。有的地区则认为见到蛇跌落掉地或蛇出洞是不吉的，有"男怕跌蛇、女怕跌鼠"之说。汉族民间凶兆有"蛇脱皮"说，又称"蛇脱壳"，流行于贵州都匀、安顺、贵阳等地区。据传，看见蛇脱皮是一种凶兆，民谚云："见到蛇脱皮，不死脱层皮"。尤其是在春季更为大忌。

造型，蛇身为漩涡状盘踞，蛇头居中并向上仰伸，可惜今日已不复存在了（西方供奉的格里肯蛇，头象羚羊，眼、耳、头发象人，是家庭和住宅的保护神，同时也是善行之神）。另外，

宜兴地区每年元宵节、二月二、清明节、七月十七、中秋、重阳（有人认为这一天是家蛇的生日）、冬至、除夕，祭祀家蛇，称为请蚕家或斋蚕家，用米粉做成蛇的样子（有的是人首蛇身状）盘绕在笼屉中间，称为米粉蛇，周围还要放许多米粉做的小团子，象征蛇蛋或小蛇（蛋、团、卵，含有原始生殖崇拜的意义，江苏南部地区婚俗里，女家将染红的鸡蛋放入新马桶内送到男家，称为“子孙桶”，象征着生育）。蛋形食物在祭祀中，反映着人类源于祖神孵生于蛋的观念，旧时民间过年时还制做生肖团子，每个人按自己的生肖吃相应的团子，一直吃到正月十五。据说，宜兴旧日的城隍庙中塑有蚕家菩萨，完全是蛇的造型，蛇身为漩涡状盘踞，蛇头居中并向上仰伸，可惜今日已不复存在了（西方供奉的格里肯蛇，头象羚羊，眼、耳、头发象人，是家庭和住宅的保护神，同时也是善行之神）。另外，宜兴早在东汉时期已开始种茶，县志称“旧有白蛇衔茶种来种之，得佳茗，尤为珍品”，唐时列为贡品。

农历三月五日为惊蛰节，贵州一带民俗忌雷鸣声，否则当年虫蛇成灾。民谚云：“惊蛰有雷鸣，虫蛇多成群”。

民间有蛇日禁禁，属虎、属猪者忌蛇日；属蛇者忌虎日、猴日。

汉族民间食品有“蛇婆婆”，亦叫“蛇盘盘”，是山西、陕西一带面食的一种。用发酵的白面盘成蛇状，头部用两粒高粱当眼睛，嘴里含一枚铜钱。钱为财，蛇为绳，取发财致富之意。

旧时汉族民间有送蛇的信仰风俗，流行于青海地区。当地民间家中出现蛇时，最忌打杀。认为若打

死，蛇会采取报复行动，于家门不利，故家中发现蛇后，便将其捉入罐中、篮中，挑在长杆上，送到山谷放生，并求其躲入山洞，别再回到人家。

闽南一带气候温和湿润，适宜各类蛇繁衍生息。民间有这样的习俗，认为蛇在野外经常为害人畜，见蛇不打是罪过；然而在家中发现蛇，年老的人只是将其赶出，而不让打死。他们说蛇是祖先派来巡视平安的，进了谁家，就预示谁家居住平安。要是有人在路边碰见几条蛇绞在一起，往往赶紧揪掉身上的某一颗纽扣丢去，以示忏悔，然后走开，当作没有看见，据说这是蛇交配，观者为大逆不道。

小姑娘从胃中怎会吐出蛇

在里海附近的阿塞拜疆共和国，一个 11 岁的小姑娘在摘西红柿时，由于劳累，在菜地里睡了一会儿。待醒来时，发现自己被什么噎住了。人们迅速把她送到医院，医生给她灌了 1.6 升盐水。由于痛苦难忍，小女孩开始呕吐，没想到竟吐出一条长约 70 厘米的猫蛇。

医生说蛇从人的食管爬入胃内实属罕见。蛇在人胃中没有像肉和食品一样被胃酸消化掉，活着出来，更让人不可思议。

埃默里医学院的胃肠专家说：曾有人吞过这样长短的蛇，那是两个人之间打赌，但是一条活生生的蛇从人的口腔进入体内，小女孩竟然自始至终没有醒过来，真是不可思议。

（2）禁忌

在与蛇有关的民风民俗中，有不准杀蛇的习惯禁忌，有训蛇弄蛇的娱乐技巧，有游蛇灯、赛蛇神的乡土习俗，有质料不同、形状各异的蛇形玩具，无不体现了实际生活中人与蛇的息息相关。而另一方面，许多人又厌蛇、畏蛇、捕蛇、屠蛇、食蛇。在许多有关蛇的寓言、传说中，蛇常常是阴险狡猾、狠毒恐怖的代名词。

①蛇蜕皮

蛇蜕皮又称“蛇脱壳”，是旧时汉族民间信奉的凶兆之一，流布于贵州都匀、安顺、贵阳等地。俗信看见蛇脱皮是一种凶兆，也就是民谚所说的“见到蛇蜕皮，不死也脱皮，”逢春季尤其如此。

②祭蛇树

祭蛇树亦称“祭蛇神”，旧时德昴族祭祀风俗，流行于云南保山潞江坝地区。该民族认为蛇神能保佑耕畜，故每年举行一次祭祀活动，时在夏历12月20日。人们通常在村寨周围选择一株较大的树作为祭神之处，称为“蛇树”。“蛇树”四周砌以围墙，路人须绕行不得靠近，并严禁砍伐。相传古时候有一个老妈妈，砍了蛇树上的一根树枝拿回家烧火，到夜里，蛇神找上门来，扭歪了她的脖子。从此，谁也不敢走近“蛇树”，不敢砍伐，并形成了祭蛇树的风俗。祭祀时，全寨不干农活，人们沐浴后，集体举行素祭。参加祭祀者要身净衣洁，各自带点粉丝、豆腐、青菜之类，并带牛笼头一副、长刀一把，挂在蛇树上，佛爷念经，众人跪拜，祈求蛇神保佑全寨清洁、六畜兴旺。

③蛇盘盘

亦称“蛇婆婆”，汉族民间传统食品、面食的一种，流行于山西、陕西等地。

用发酵的面粉盘成蛇状，头部安两粒高粱当眼睛，口含一枚铜钱，上笼蒸熟。铜钱为财，蛇身为绳，取发财致富之意。

第五章　有关蛇的美丽故事

蛇作为我们中华民族的一种神圣象征，已经不是刚刚才有的历史了，在我国古代就有许多流传久远的关于蛇的美丽故事。

于是，出现了很多关于蛇的成语故事、谚语、歇后语、典故以及许多有关蛇的神话故事，这些生动的有关蛇的故事为后人所借鉴，让后人在今后的人生道路上学以致用，其中很多的成语、典故以及神话故事都具有很好的教育意义和很高的实用价值。

本章将为读者介绍有关蛇的成语、典故、神话故事以及谚语，希望读者能从中学到不少具有教育意义的知识。

有关蛇的成语

（1）画蛇添足

释义：比喻多此一举，造成累赘。

故事：古代楚国有个贵族，祭过祖宗以后，把一壶祭酒赏给前来帮忙的门客。门客们互相商量说："这壶酒大家都喝不够，一个人喝有富余。让咱们各自在地上比赛画蛇，谁先画好，谁就喝这壶酒。"

有一个人最先把蛇画好了。他端起酒壶正要喝，却得意洋洋地左手拿着酒壶，右手继续画蛇，说："你们看，我还有时间再给蛇添上几只脚呢！"

可是没等他把蛇脚画完，另一个人已经把蛇画完了。那人把酒壶抢了过去，他说："蛇本来是没有脚的，你怎么能给它添上脚呢！"说罢，便把壶中的酒喝了下去。那个给蛇

添脚的人失掉了本应该是他的那壶酒。

解释：画蛇时给蛇添上脚。比喻做了多余的事，非但无益，反倒不合适。也比喻虚构事实，无中生有。给蛇添足的那个人，正是因为做了多余的事，才失掉了到嘴的好酒。这个故事告诉我们，做任何事情都要切合实际一点，不要做那些多余的事情。

（2）杯弓蛇影

出处：汉应劭《风俗通义·怪神》

释义：墙上的弓照映到杯中，竟误以为蛇。比喻因幻觉而起疑心，自相惊扰。

故事：有一年的夏至，有个名叫应彬的县令，请他的一位同事杜宣喝酒。

主人已摆好酒席。入座以后，杜宣正要喝酒，突然发现自己杯子里有条小蛇在动。杜宣吓得心里发毛，但又不好不喝，就硬着头皮喝了下去。回家以后，杜宣一想起酒杯里的蛇，就浑身哆嗦，好像那条蛇还在肚子里游动，觉得胸部、腹部都痛得很，饮食都感到困难，不用说，大病了一场。家里人请了医生来治，也不见好转。

应彬前去探望。杜宣把酒杯有蛇的事说了以后，他就坐在杜宣那天坐的位置上，倒了一杯酒，结果他也看到杯子里有条蛇在动！他吓了一跳，但仔细一看，却发现那并不是蛇。原来，在他家的北墙上悬挂着一张弓，弓的影子正好映在杯子里，就好像是一条弯曲的蛇。

真相终于大白，应彬赶紧到杜宣家中，把这事告诉杜宣。杜宣一听，病也好了许多，便跟着应彬到应家又印证了一番，果然是弓的影子映在酒杯里。到这时，杜宣的病也彻底好了。

解释：该故事既嘲笑了那个被杯中蛇影吓得病倒的人，同时也向我们说明了一个道理，即：心病还须心药来医。乐广明白客人得的是心理疾病，所以用心理暗示的方法引导客人，对症下药，使得病人“豁然意解，沉疴顿愈”。

乐广的朋友被假象所迷惑，疑神疑鬼，差点儿送了命。乐广喜欢追根问底，注重调查研究，终于揭开了“杯弓蛇影”这个谜。在生活中无论遇到什么问题，都要问一个为什么，都要通过调查研究去努力弄清事实的真相，求得正确解决的方法。

（3）春蚓秋蛇

出处：《晋书·王羲之传》中，有一些对书法的评论，其中说到萧子云的书法“无丈夫气，行行若春蚓，字字如绾秋蛇。”后人便用“春蚓秋蛇”形容缺乏功底和气势的书法。

解释：比喻书法拙劣，像春天蚯蚓和秋天之蛇的行迹那样弯曲。

（4）惊蛇入草

出处：唐·韦续《书诀墨薮》：“作一牵如百岁枯藤，作一放纵如惊蛇入草。”《宣和书谱·草书七》：亚栖和尚自谓“吾书不大不小，得其中道，若飞鸟出林，惊蛇入草。”

解释：用“惊蛇入草”来形容书法的灵活劲健，富于动感，字如从林中飞出，蛇向草丛窜入。

（5）封豕长蛇

故事：春秋时期，伍子胥逃到吴国，帮助吴王阖闾复兴吴国，并趁楚国内乱时出兵伐楚，将楚平王掘墓鞭尸。伍子胥的原好友申包胥奉楚昭王之命赴秦国求助，在秦哀公面前说吴国是封豕长蛇，一旦占领了楚国就会向北发展，秦哀公出兵援楚。

出处：吴为封豕长蛇，以荐食上国。——《左传·定公四年》

解释：封：大；封豕：大猪；长蛇：大蛇。贪婪如大猪，残暴如大蛇。比喻贪暴者、侵略者。

有关蛇的典故

（1）山虎 泽蛇

“山虎泽蛇”是与蛇有关的一个典故，是说：山中遇虎，下泽见蛇。

传说齐景公喜好巡山打猎。一天回来后召见晏子，问道：“今天我出去打猎的时候，上山就看见虎，下泽就看见蛇，这大概就是人们所说的不吉利的兆头吧？”

晏子回答道：“国家有三种不吉祥的事：有贤能人而您不知道；您知道了贤能人而不任用他们；用了他们又不信任。大王打猎时上山遇见虎，山是老虎的居处；下泽遇见蛇，泽是蛇的洞穴。到了虎的居处和蛇的洞穴，见到它们，是十分正常的事情，谈不上吉祥与否。”齐景公解除了疑虑，也受到了教育。

（2）握蛇骑虎

释义：比喻处境极其险恶。

故事：魏孝文帝征讨叛军途中患病，拓跋勰亲侍医药，受尽屈辱和猜忌。孝文帝临终前对太子讲述拓跋勰的忠诚，并托付他辅佐太子。魏宣武帝即位，咸阳王禧等人忌恨拓跋勰，迟迟不放魏孝文帝灵柩进京城。对他讥讽地说：“您实在是劳苦功高，但您的处境也是凶险得很啊。”拓跋勰十分痛恨这些势力小人，回答说：“您比我年长，职位也比我高，所以在凶险面前学会了退

缩。我常处于握蛇骑虎的险恶环境中，倒也不觉得多么艰难了。”

出处：《魏书·彭城王传》：“彦和手握蛇骑虎，不觉艰难。”

(3) 打草惊蛇

释义：原比喻甲乙事情相类，甲受到惩处，就使乙有所警觉。后多比喻行事不密，事先惊动了对方。

典故：南唐时候，当涂县的县令叫王鲁。这个县令贪得无厌，财迷心窍，见钱眼开，只要是有钱、有利可图，他就可以不顾是非曲直，颠倒黑白。在他做当涂县令的任上，干了许多贪赃枉法的坏事。

常言说，上梁不正下梁歪。这王鲁属下的那些大小官吏，见上司贪赃枉法，便也一个个明目张胆干坏事，他们变着法子敲诈勒索、贪污受贿，巧立名目搜刮民财，这样的大小贪官竟占了当涂县官吏的十之八九。因此，当涂县的老百姓真是苦不堪言，一个个从心里恨透了这批狗官，总希望能有个机会好好惩治他们，出出心中怨气。

一次，适逢朝廷派员下来巡察地方官员情况，当涂县老百姓一看，机会来了。于是大家联名写了状子，控告县衙里的主簿等人营私舞弊、贪污受贿的种种不法行为。

状子首先递送到了县令王鲁手上。王鲁把状子从头到尾只是粗略看了一遍，这一看不打紧，却把这个王鲁县令吓得心惊肉跳，浑身上下直打哆嗦，直冒冷汗。原来，老百姓在状子中所列举的种种犯罪事实，全都和王鲁自己曾经干过的坏事相类似，而且其中还有许多坏事都和自己有牵连。状子虽是告主簿几个人的，但王鲁觉得就跟告自己一样。他越想越感到事态严重，越想越觉得害怕，如果老

百姓再继续控告下去，马上就会控告到自己头上了，这样一来，朝廷知道了实情，查清了自己在当涂县的胡作非为，自己岂不是要大祸临头！

王鲁想着想着，惊恐的心怎么也安静不下来，他不由自主地用颤抖的手拿笔在案卷上写下了他此刻内心的真实感受："汝虽打草，吾已惊蛇。"写罢，他手一松，瘫坐在椅子上，笔也掉到地上去了。

那些干了坏事的人常常是做贼心虚，当真正的惩罚还未到来之前，只要有一点什么声响，他们也会闻风丧胆。

出处：宋·郑文宝《南唐近事》："鲁乃判曰：'汝虽打草，吾已惊蛇。'为好事者口实焉。"

（4）飞鸟惊蛇

释义：像飞鸟入林，受惊的蛇窜入草丛一样。形容草书自然流畅。

出处：《法书苑》："唐时一僧释亚楼善草书，曾自题一联：'飞鸟入林，惊蛇入草。'"

典故：释亚楼是唐代一位和尚。他久居寺庙，烧香念经。别的和尚空闲时就偷偷下棋睡觉，释亚楼却买了砚墨笔纸练习书法。有时深更半夜，他还在苦苦练习。一年年过去，他写字的功夫越来越深。许多烧香拜佛的人，也来请他写字。他都一一答应。他的草书，写得尤其飘逸奔放。有人问他："草书怎样算好？"释亚楼写了八个字："飞鸟出林，惊蛇入草！"

"飞鸟惊蛇"形容字体飘逸像小鸟飞翔，笔势遒劲连蛇也受惊吓。

有关蛇的故事

（1）蛇情的故事

武昌车辆厂有幢老式平房，房后是一片荒草地，打开后窗，便飘进阵阵温润的芬芳。张姨就在这幢平房里办公。一天下班后，张姨在办公室给同事打电话，正眉飞色舞地神聊之间，突然瞠目结舌地愣住了，竟有条大青蛇从后窗探进头来，昂首盯牢了她！张姨哪见过此等阵式，被惊吓得手足冰凉，头皮发紧，握住电话不敢有一丝动弹，半晌才颤着声向电话那头告知险情。待赶来的同事绕到窗后冷不丁打死那蛇，她才恶梦醒来般恢复了生气。

事后，几位馋嘴的男同事将那青蛇剥皮剐肉，美餐了一顿；一群碎嘴的姨娘颇感新奇地议论了两天，以为这事也就过去了。何曾想，就在第三天，那后窗又赫然出现了一条大青蛇！把办公室里的几位女同事吓得惊叫着四散而逃，男同事们闻声赶到，那青蛇依然昂首窗口，对挥锹舞棍的人们不避不让，一双晶亮的眼睛只顾向屋内窥寻。结果，这条呆蛇也被轻而易举地打杀了。人们围着瘫在地上微微颤抖的青蛇，兴奋地议论纷纷。有人说，这蛇同前天那条一样颜色和大小，莫非是夫妻？一句话浇凉了人们热烈的情绪，几位准备再尝一顿蛇肉美味的同事在张姨的建议下，好生拎起死蛇找块空地埋了起来。

蛇是埋了，但大家心里却滋生了一种莫名的伤感。紧接着出现的

更令人惊异的情景，使得人们在伤感中又多了一层沉重的愧疚。

次日下午，窗口又悄然出现了一条小青蛇！这回，人们都坚信这小蛇定是前来寻找父母无疑了。大家对这可怜的小家伙再无半点伤害之心，但有条蛇盯在那儿让人心里瘆得慌，总想将其赶走。可这小蛇竟是任你大声恐吓也不走，棍子推搡也不走，固执地僵着小脑袋愣在那里，并且，接连数日下半晌，必定不声不响地出现在那窗口。它并不伤人，只是鼓着彻亮的双眼，饱含幽怨和希翼地望着人们，看得大家心里凄凄地，个个像做了亏心事般避着那目光。

小青蛇的连续出现，引得众多好奇的同事前来观看，但在得知前因后果之后，均在小青蛇凄然的目光下低了头……

一星期后，那小青蛇不来了，人们心里并未因此有些轻松，倒是倍加担心那无爹无娘的小青蛇的命运，甚至有些盼望小青蛇在窗口再度出现。

终于传来了小青蛇的消息：一群孩子在废料场玩耍，发现小青蛇围住一小块平地缠绵盘旋总也不走，就一顿废铁乱石将它砸死了！大家赶到现场一看，那小青蛇丧生的地方，正是大青蛇的埋葬之处。这有灵性的小青蛇终于找到了它的亲人……

大家心情沉重地又挖了个坑，将这小青蛇与大青蛇并排葬在了一起。可是，人们心中的负疚及万端感慨却埋葬不了，好多天来，大家对蛇类竟也如此有灵性一直纷纷称奇，对青蛇一家如此一往情深大为感叹，更为不经意毁了青蛇全家而深深自责。

世上万物相生相息，皆有缘分，不可轻易伤害；世上万物有灵有情，人类为首，总该倍加珍重……

（2）蛇报恩的故事

一个穷秀才在集市上看到一位孤苦零丁的乞丐婆。她由于很多天没有吃饭，饿得头昏眼花，走路摇摇晃晃的，竟然撞倒了路边饮酒人的酒。一群青年气势汹汹地责骂乞丐婆，还有几个人想要揍她。

在一旁观看的秀才心里非常同情乞丐婆。虽然他身上半毛钱也没有，但还是脱下自己的衣服来偿还酒钱，为乞丐婆解了围。

排解了纷争，一转头，乞丐婆竟然不见了！生性旷达的秀才毫不在意，拍了拍身上的灰尘就回家了。

这天晚上，秀才梦见有一条青蛇向他道谢：

“下午多亏公子搭救，真是非常感激。特地送来一些艾草作为报答。这个艾草妙用无穷，它可以祛除各种赘瘤肿块，只要敷上一点点就可以了，不要多用！希望它能帮你完成心愿，娶一房贤妻。”说完，青蛇再拜谢一次，就消失了。

秀才从梦中惊醒，想着梦中的情景，觉得真是不可思议。但是伸手一摸床边，竟然真的有一束艾草！

不久，邻县一位姓任的大富翁的女儿得了一种怪病，头上长了一颗大肿瘤，访遍了名医都没有治好。于是任大富翁贴出告示：“只要有人能医好小女的病，我愿将女儿许配给他。”

秀才便抱着试一试的心态到了任大富翁的家。果然如青蛇所说，任家小姐敷上艾草后，不到两天就消肿痊愈了。

就这样，这位秀才娶了温柔可爱的任家小姐为妻，而艾草的药效也被人们广为了解。

（3）女娲补天的神话

我国古代神话传说中，有一位女神，叫女娲。女娲人首蛇身，是一位善良的神，为人类做过许多好事。比如她曾教给人们婚姻，还给人类造了一种叫笙簧的乐器。而流传最广的，是女娲补天的故事。

传说当人类繁衍起来后，水神共工和火神祝融忽然打起仗来。他们从天上一直打到地下，闹得到处不宁，结果祝融打胜了。败了的共工不服，一怒之下，把头撞向不周山。不周山崩裂了，撑支天地之间的大柱断折了，天倒下了半边，出现了一个大窟窿，地也陷成一道道大裂纹，山林烧起了大火，洪水从地底下喷涌出来，龙蛇猛兽也出来吞食生灵。人类面临着空前大灾难。

女娲目睹人类遭到如此奇祸，感到无比痛苦，决心补天以终止这场灾难。她选用各种各样的五色石子，架起火将它们熔化成浆，用这种石浆将残缺的天窟窿填好，随后又斩下一只大龟的四脚，当作四根柱子，把倒塌的半边天支起来。女娲还擒杀了残害人民的黑龙，刹住了它的嚣张气焰。最后，为了堵住洪水不再漫流，女娲还收集了大量芦草，塞住了四处涌流的洪水。

经过女娲一番辛劳整治，苍天总算补上了，地填平了，水止住了，龙蛇猛兽敛迹了，人民又重新过上了安定的生活。如今，天还是有些向西北倾斜，使得太阳、月亮和众星辰都很自然地归向西方。又因为地向东南倾斜，所以世间多是“一江春水向东流”。

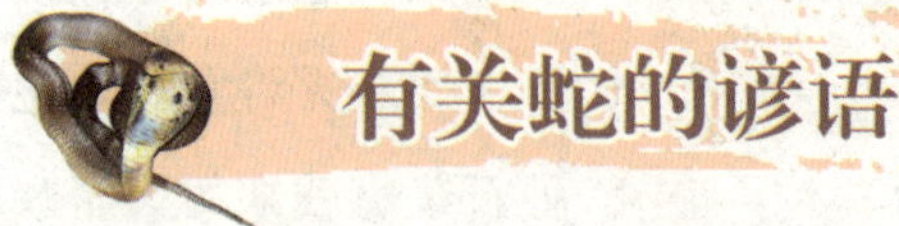

有关蛇的谚语

（1）蛇伤虎厄天地数

厄（音呃）：灾难。例：厄运。数（音素）：命运。例：劫数。天地数：天地注定不可避免之劫数。谓被蛇伤虎咬之灾难是天地注定，难以避免之灾祸劫数，就如俗语所说劫数难逃，形容一些灾祸是命中注定的，不要怨天尤人。

（2）大蛇过田岸——趖

歇后语。田岸：田埂。趖：爬虫类动物的爬行。在此是指行动缓慢，台语叫做趖。大蛇因身躯大，行动慢，要过田埂是用蠕动爬行，台语叫做“趖”，有二义：一是指蛇的蠕动爬行动作。另一是指动作慢条斯理像大蛇一样。此句是用来形容人动作缓慢。

类似谚语：

大蛇趖袂过田岸：谓大蛇的爬行动作慢吞吞，连田埂都爬不过去，比喻人的行动缓慢迟钝。

（3）草索看做蛇

草索：草绳

将草绳看成蛇而受惊吓，这是曾经被蛇咬的后遗症，因为草索的形状与蛇有些类似，如在光线晦暗下，草绳与蛇实难分辨，何况曾遭蛇咬的人，一时情急恍忽就会把草绳误认为蛇，而恐惧莫名，本句是以草索与蛇作比喻，形容曾经遭受伤害或挫败，而心里残留畏惧，遇到类似而不相关之事，亦会产生幻觉而惊吓恐惧，也就是“一朝被蛇咬，十年怕草绳”。

（4）大蛇放无屎

蛇身虽大，但所排泄的屎尿并不多，在此大蛇是比喻富有的人。放无屎是吝于施舍。形容富翁的吝啬，对于公益的捐献不肯多出。

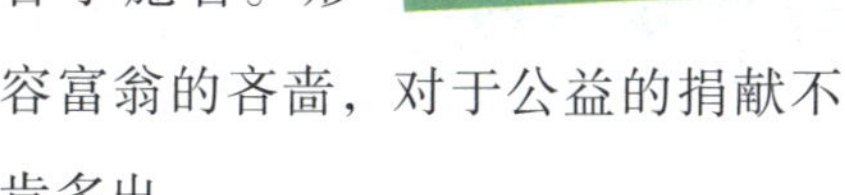

（5）使鬼弄蛇

使鬼：驱使小鬼，暗喻阴谋陷害。弄蛇：玩弄、戏弄毒蛇。喻指动用刀枪杀人夺命。形容凶恶残暴之徒，使尽各种恶毒的手段来控制剥夺，残民以逞。

（6）蛇拍无死，颠倒恶

拍：打。恶：凶猛。颠倒恶：更加凶恶。谓打蛇时没有将有它打死，只有打伤，蛇会比被打之前更加凶猛，比喻除恶务尽，斩草不除根，春风吹又生，徒留后患。

类似谚语：

蛇拍无死，反报仇

（7）青瞑仔毋惊蛇

青瞑仔：眼瞎的人。毋惊蛇：不怕蛇。盲人因视力障碍，看不到外界事物景象，当然也看不到蛇的危险状况，也就不知害怕，比喻看不到所遭遇的危害或敌人对手之可怕，不知潜在之危险。